Heinz-E. Klockhaus

BWL für Ahnungslose

FÜR AHNUNG?LOSE

In dieser Reihe sind bisher erschienen:

Heinz-E. Klockhaus, **Buchführung** für Ahnungslose
Yára Detert / Christa Söhl, **Statistik** und Wahrscheinlichkeitsrechnung für Ahnungslose
Yára Detert, **Mathematik** für Ahnungslose
Werner Junker, **Physik** für Ahnungslose
Katherina Standhartinger, **Chemie** für Ahnungslose
Katherina Standhartinger, **Organische Chemie** für Ahnungslose
Antje Galuschka, **Biochemie** für Ahnungslose
Christa Söhl, **Biologie** für Ahnungslose
Michaela Aubele, **Genetik** für Ahnungslose

Heinz-E. Klockhaus

BWL
für Ahnungslose
Eine Einstiegshilfe

von Heinz-E. Klockhaus, Hückeswagen

S. Hirzel Verlag Stuttgart

Heinz-E. Klockhaus
Höhenweg 3
42499 Hückeswagen
info@klockhaus-textdichter.de

Bibliografische Information der Deutschen Nationalbibliothek
Die Deutsche Nationalbibliothek verzeichnet diese Publikation in der Deutschen Nationalbibliografie;
detaillierte bibliografische Daten sind im Internet über http://dnb.d-nb.de abrufbar.

ISBN: 978-3-7776-2158-6

Jede Verwertung des Werkes außerhalb der Grenzen des Urheberrechtsgesetzes ist unzulässig und strafbar.
Dies gilt insbesondere für Übersetzung, Nachdruck, Mikroverfilmung oder vergleichbare Verfahren sowie
für die Speicherung in Datenverarbeitungsanlagen.

© 2012 S. Hirzel Verlag, Birkenwaldstraße 44, 70191 Stuttgart
Printed in Germany
www.hirzel.de

Satz: Claudia Wild, Konstanz
Druck: Djurcic, Schorndorf
Umschlaggestaltung: deblik, Berlin

Vorwort

„Branchenkenntnisse – Wissen – Logik", kurz „BWL", das wären gute Voraussetzungen, eine Unternehmung erfolgreich zu fuhren! Aber hinter diesen drei Buchstaben könnte sich unter Umständen auch verbergen: „Beamte – wirtschaften – langsamer". Natürlich treffe ich diese Aussage nur mit einem großen Augenzwinkern ...

Dennoch: „BWL" im Öffentlichen Dienst kann einem Kaufmann ganz schön zu schaffen machen, wie ich während meiner eigenen beruflichen Laufbahn erfahren musste. Ein Betriebswirt bestellt nicht für 50 Jahre Preiselbeeren, weil im Wirtschaftsplan des städtischen Krankenhauses ein Mittelansatz dafür vorhanden ist. Das könnte man eher als Betriebswirtschafts-*Leere* bezeichnen. Betriebswirtschafts-*Lehre* dagegen hat tatsächlich etwas mit Wirtschaftlichkeit zu tun.

Wenn ich ein Buch über BWL schreibe, komme ich nicht umhin, im Vorwort den Namen Eugen Schmalenbach zu erwähnen. Er lebte von 1873 bis 1955, war Wirtschaftswissenschaftler, und man kann ihn wohl als Vater und Begründer der heutigen Betriebswirtschaftslehre bezeichnen. Schmalenbach beschäftigte sich hauptsächlich mit Bilanz- und Finanzierungsfragen, seine „dynamische" Bilanzauffassung gilt als Grundlage der deutschen Einkommensbesteuerung. Die Auswirkung fixer Kosten, Kapazitätsausnutzung sowie der Beschäftigungsgrad und deren Bedeutung für die Unternehmen und für die gesamte Volkswirtschaft waren seine bevorzugten Themen, deren Erkenntnisse auch heute noch von Bedeutung sind.

Aus diesen kurzen Anmerkungen können Sie ersehen, dass Buchführung, Bilanz und Kostenrechnung ebenfalls in den Zuständigkeitsbereich der Betriebswirtschaftslehre gehören.

Auch der Name Adam Smith sollte an dieser Stelle nicht unerwähnt bleiben. Smith lebte 150 Jahre vor Schmalenbach (1723–1790) und begründete mit seinen Wirtschaftslehren die klassische Nationalökonomie. Seine bedeutendste Erkenntnis und Lehre war, dass „Arbeitsteilung" und die Arbeit als solches die wichtigsten Quellen des Wohlstandes sind. Salopp gesagt: Adam Smith ist der Erfinder der Arbeitsteilung! Wenn Sie sich diesen Satz merken, können Sie in BWL schon mitreden.

Ich will es bei den beiden Namen Schmalenbach und Smith bewenden lassen, obwohl sich zweifellos noch viele andere Persönlichkeiten um die Wirtschaftswissenschaften im Allgemeinen und um die Betriebswirtschaftslehre im Besonderen verdient gemacht haben.

„Betriebswirtschaftslehre ist die Wirtschaftswissenschaft, die den Menschen und Sachen zur Leistungsgemeinschaftseinheit zusammenfassenden Betrieb und seine Wirtschaftlichkeit in den Mittelpunkt der Betrachtung stellt."

Haben Sie das verstanden? – Ich auch nicht!

Das geht doch auch einfacher: Betriebswirtschaftslehre ist die Lehre von Unternehmungen und Betrieben, ihr Gegenstand sind die wirtschaftlichen Entscheidungen und Dispositionen. Und noch eins: Neben der Volkswirtschaftslehre ist die Betriebswirtschaftslehre das wichtigste Teilgebiet der Wirtschaftswissenschaft. – Ja, so kann man es sagen.

Lassen Sie sich also gemeinsam mit mir darauf ein, die einzelnen Funktionsstellen der Unternehmungen mit „betriebswirtschaftlichen" Augen anzusehen. Ich möchte Ihnen auf möglichst unterhaltsame Art das große Gebiet der Betriebswirtschaftslehre näher bringen und erklären.

Lernen kann und soll Spaß machen – BWL: „Bleiben wir locker ...!"

Hückeswagen, im Herbst 2011　　　　　　　　　　　　　　　　Heinz-E. Klockhaus

Inhalt

Vorwort		V
Abkürzungen		IX
1	Die Aufgaben der Betriebswirtschaft	1
2	Was ist ein Betrieb?	3
3	Das Unternehmen und seine Rechtsform	5
3.1	Einzelfirma	7
3.2	Personengesellschaften	7
3.2.1	Gesellschaft bürgerlichen Rechts (GbR)	7
3.2.2	Offene Handelsgesellschaft (OHG)	8
3.2.3	Kommanditgesellschaft (KG)	10
3.3	Kapitalgesellschaften	11
3.3.1	Gesellschaft mit beschränkter Haftung (GmbH)	12
3.3.2	Aktiengesellschaft (AG)	13
3.3.3	Kommanditgesellschaft auf Aktien (KGaA)	15
3.4	GmbH & Co. KG	16
4	Die Produktionsfaktoren des Unternehmens	17
5	Die Mitarbeiter des Unternehmens	18
5.1	Leitende Mitarbeiter	18
5.2	Sonstige Mitarbeiter	19
5.3	Die kaufmännische Ausbildung	20
6	Die Organisation des Unternehmens	23
6.1	Beschaffung	23
6.1.1	Einkauf	25
6.1.2	Lager	26
6.2	Vertrieb	27
6.2.1	Vertrieb Innendienst	27
6.2.2	Vertrieb Außendienst	28
6.2.3	Werbung	28
6.2.4	Vertriebslager	29
6.2.5	Auftragsbearbeitung	29
6.2.6	Fakturierung	30
6.2.7	Versand	30
6.3	Rechnungswesen	30
6.3.1	Geschäftsbuchhaltung	31
6.3.2	Debitorenbuchhaltung	37
6.3.3	Kreditorenbuchhaltung	38
6.3.4	Anlagenbuchhaltung	39
6.3.5	Kostenrechnung	40
6.3.6	Kalkulation	45

6.3.7	Statistik	50
6.3.8	Finanzplanung	52
6.4	Personalwesen	59
6.4.1	Personalbeschaffung	61
6.4.2	Entlohnungsarten	65
6.4.3	Sozialleistungen	67
6.4.4	Arbeitsbedingungen	69
6.4.5	Methoden der Arbeitsstrukturierung	69
6.4.6	Zeugnisse	70
6.4.7	Kündigungen	71
7	**Unternehmensmanagement**	**74**
7.1	Institutionen des Managements	75
7.2	Aufgaben des Managements	75
7.3	Managementtechniken	79
7.4	Führungsstil und Motivation	81
8	**Controlling im Unternehmen**	**86**
9	**Finanzwirtschaft**	**88**
9.1	Finanzierung	88
9.1.1	Möglichkeiten der kurzfristigen Fremdfinanzierung	90
9.1.2	Möglichkeiten der langfristigen Fremdfinanzierung	95
9.2	Investition	97
9.2.1	Investitionsrechnungsverfahren	98
9.3	Risikomanagement	102
10	**Produktionswirtschaft**	**104**
10.1	Produktionsprogramm	104
10.2	Produktionsverfahren	106
10.3	Produktionsplanung	108
11	**Unverzichtbar! – Die Betriebsplanung**	**112**
11.1	Beschaffung und Betriebsplanung	112
11.2	Erzeugung und Betriebsplanung	115
11.3	Finanzierung und Betriebsplanung	116
11.4	Absatz und Betriebsplanung	116
11.5	Erfolg und Betriebsplanung	117
12	**Unvermeidbar! – Steuern**	**118**
12.1	Besitzsteuern	118
12.2	Verkehrssteuern	120
12.3	Verbrauchsteuern	123
Schlusswort – und tschüss!		**124**
Glossar		**125**
Sachregister		**129**

Abkürzungen

AG	Aktiengesellschaft
AktG	Aktiengesetz
Aktie	Wertpapier, Anteil an einer Aktiengesellschaft
AO	Abgabenordnung
BAB	Betriebsabrechnungsbogen
BAG	Bundesarbeitsgericht
BGB	Bürgerliches Gesetzbuch
BilMoG	Bilanzrechtsmodernisierungsgesetz
BWL	Betriebswirtschaftslehre
EStG	Einkommensteuergesetz
GbR	Gesellschaft bürgerlichen Rechts
GewStG	Gewerbesteuergesetz
GmbH	Gesellschaft mit beschränkter Haftung
GmbHG	GmbH-Gesetz
GrEStG	Grunderwerbsteuergesetz
GrSt	Grundsteuer
HGB	Handelsgesetzbuch
KG	Kommanditgesellschaft
KGaA	Kommanditgesellschaft auf Aktien
KonTraG	Gesetz zur Kontrolle und Transparenz im Unternehmensbereich
KStG	Körperschaftsteuergesetz
OHG	Offene Handelsgesellschaft
UStG	Umsatzsteuergesetz
VWL	Volkswirtschaftslehre

1 Die Aufgaben der Betriebswirtschaft

> **BWL** ist die Abkürzung für **Betriebswirtschaftslehre** und gehört zu den Wirtschaftswissenschaften. Im Gegensatz zur Volkswirtschaftslehre, die sich mit gesamtwirtschaftlichen Zusammenhängen befasst, hat die Betriebswirtschaftslehre, wie der Name schon sagt, ihre Bedeutung und Anwendungsgebiete in den Betrieben. Wer einen Betrieb wirtschaftlich führen will, kommt ohne Kenntnisse der Betriebswirtschaftslehre nicht aus.
> Die Wirtschaft bzw. die Lehre von der Wirtschaft bezeichnet man als **Ökonomie**. Gleichzeitig steht der Begriff auch für Wirtschaftlichkeit! Die Ökonomie gliedert sich in die **Volkswirtschaft** einerseits und die **Betriebswirtschaft** andererseits. Mit der Letzteren wollen wir uns im Folgenden befassen.

Die Betriebswirtschaft regelt den sinnvollen Einsatz der Güter und dient der Bedarfsdeckung nach wirtschaftlichen Gesichtspunkten und Grundsätzen. In den Betrieben werden Güter produziert und vertrieben oder Dienstleistungen erbracht. Wenn wir nach den Aufgaben der Betriebswirtschaft fragen, können wir stattdessen auch nach den Aufgaben eines Unternehmens fragen. Dabei werden wir immer wieder auf den Begriff der Wirtschaftlichkeit stoßen. In den meisten Betrieben steht die Erzielung und Maximierung von Umsatz und die Kapitalmehrung im Vordergrund. Dies ist nicht nur bei Industrie, Handel und Handwerk der Fall, sondern auch bei Banken, Versicherungen, Verkehrs- und sonstigen Dienstleistungsbetrieben.

Zur Erzielung von Umsatz und Mehrung von Kapital werden viele Betriebsbereiche tätig. Da sitzt nicht nur, wie man sich das gerne gelegentlich vorstellt, der „Big-Boss" in seinem überdimensionierten Büro und liest den Wirtschaftsteil der Tageszeitung (das wäre die **Unternehmensführung**), da muss auch Ware besorgt werden (**Beschaffung**), die Ware muss gelagert werden (**Lagerhaltung**), das Endprodukt muss ggf. produziert werden (**Produktion**), der Markt muss bearbeitet und die Ware verkauft werden (**Absatz**), die Ware muss zum Abnehmer gebracht werden (**Transportwesen**), Geschäftsvorfälle müssen verbucht und bilanziert werden (**Rechnungswesen**), es müssen Finanzen beschafft und überwacht werden (**Finanzierung**), Personal muss eingestellt und verwaltet werden (**Personalwesen**).

Ist das nicht schön? – Und damit haben wir auch schon die wesentlichen Funktionen erfasst, mit denen sich die Betriebswirtschaft in einem Betrieb zu befassen hat. Oder besser gesagt: Hier ist die **Lehre der Betriebswirtschaft** gefragt, um diese wichtigen Funktionen in einem Unternehmen wahrzunehmen und nach wirtschaftlichen Gesichtspunkten optimal zu steuern.

Nochmals zusammengefasst: Die Betriebswirtschaftslehre, kurz BWL, dient den folgenden Unternehmensbereichen:
- Unternehmensführung,
- Beschaffung,

- Lagerhaltung,
- Produktion,
- Absatz,
- Transportwesen,
- Rechnungswesen,
- Finanzierung,
- Personalwesen.

Wenn wir hier von sozialen Aspekten oder Umweltüberlegungen einmal absehen, steht grundsätzlich das **Wirtschaftlichkeitsprinzip**, nämlich „mit möglichst geringem Einsatz einen größtmöglichen Nutzen zu erzielen", im Vordergrund der unternehmerischen Zielsetzung. Dies gilt für das Unternehmen als Ganzes und damit auch für seine einzelnen Verantwortungsbereiche und Funktionsstellen.
Grundsätzlich dient die Wirtschaft der **Befriedigung menschlicher Bedürfnisse**. Hierzu zählen Lebensbedürfnisse ebenso wie Luxus- und Kulturbedürfnisse. Diese Bedürfnisse des Menschen subsummieren sich in seinem Bedarf. Und zur Befriedigung dieses Bedarfs brauchen wir Güter und Dienstleistungen. Die Betriebswirtschaftslehre geht davon aus, dass die Mehrheit der Güter nur in begrenztem Maße (z. T. auch knapp) vorhanden sind, und leitet schon daraus die Notwendigkeit einer wirtschaftlichen Handhabung ab. Man kann also das Wirtschaftlichkeitsprinzip auch so definieren, dass die Güter so sinnvoll und maßvoll eingesetzt werden, dass sie so weit wie eben möglich unsere Bedürfnisse befriedigen.

2 Was ist ein Betrieb?

Der Satz: „Mein Mann ist in der Wirtschaft", ist nicht immer eindeutig zu interpretieren. Wir haben festgestellt, dass „die Wirtschaft" der Befriedigung des Bedarfs dient.

Das tut zweifellos auch die Wirtschaft an der Ecke, auf die ich in dem einleitenden Satz angespielt habe. Und wenn die Kneipe voll ist, dann ist dort auch Betrieb. – Das ist hier allerdings nicht gemeint!

> Ein **Betrieb** im Sinne der Betriebswirtschaft ist ein Unternehmen, in dem Güter produziert und vertrieben oder Dienstleistungen erbracht werden. Der Betrieb ist somit ein Teil der Gesamtwirtschaft.

Benötigt werden für diese Leistungen in erster Linie
- Menschen,
- Maschinen,
- Energie,
- Werkstoffe.

Betriebe lassen sich nach den in Tab. 2.1 aufgeführten Kriterien unterteilen.

Tab. 2.1 Einteilung der Betriebe

Einteilung nach	Beispiele
Wirtschaftszweigen	Industrie, Handel, Handwerk, Banken, Versicherungen, Verkehrsbetriebe, Sonstige
Art der Leistung	Sachleistungsbetrieb, Dienstleistungsbetrieb
Zielsetzung	Privatwirtschaftliche, gemeinwirtschaftliche, öffentliche oder genossenschaftliche Betriebe
Größe	Groß-, Klein- und Mittelbetriebe. Die Unterscheidung kann nach der Mitarbeiterzahl, nach Umsatz, oder nach der Höhe der Kapitalausstattung erfolgen.
Rechtsform	Einzelfirma, Personengesellschaft, Kapitalgesellschaft

Den einzelnen Betriebsarten übergeordnet kann zwischen Betrieben der **Marktwirtschaft** und Betrieben der **Verwaltungswirtschaft** bzw. **Planwirtschaft** unterschieden werden. Die Forderung nach Wirtschaftlichkeit gilt sowohl in der Marktwirtschaft als auch in der Planwirtschaft. In der Betriebswirtschaftslehre verwendet man für Betriebe der Marktwirtschaft die Bezeichnung „**Unternehmung**" (Abb. 2.1). Unternehmungen sind marktorientiert und auf Gewinnmaximierung ausgerichtet. Dies ist bei Betrieben der Planwirtschaft nicht der Fall.

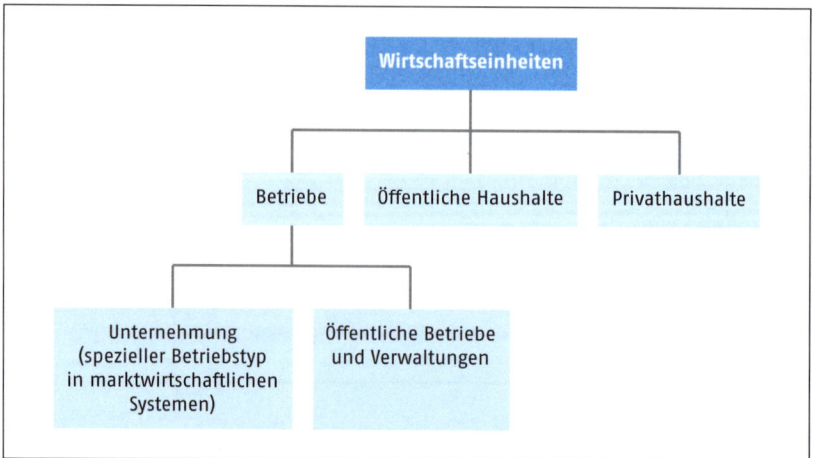

Abb. 2.1 Gliederung der Wirtschaftseinheiten in marktwirtschaftlichen Systemen

Wenn in diesem Buch im Folgenden von „Betrieb", „Unternehmen" oder „Unternehmung" die Rede ist, sind grundsätzlich Betriebe im System der Marktwirtschaft gemeint.

3 Das Unternehmen und seine Rechtsform

Wir haben bereits festgestellt, dass es sich bei einem Unternehmen (oder einer Unternehmung) um einen Betrieb (oder auch mehrere Betriebe) der Marktwirtschaft handelt. Das Unternehmen dient der Bedarfsdeckung. Originäre Ziele sind das Erzielen von Umsatz und damit verbunden Liquiditätsverbesserung und Kapitalmehrung, immer unter dem Blickwinkel von Wirtschaftlichkeit und Rentabilität.

> **Unternehmen** sind privatwirtschaftliche Betriebe, die auf Gewinne ausgerichtet sind und auch selbst das Marktrisiko tragen.

Damit unterliegen die Unternehmen normalerweise auch der Eigenverantwortung, konkurrenzfähig zu sein, liquide zu sein und am Markt existieren zu können. Das bedeutet, dass sie auch im Falle der Zahlungsunfähigkeit und Insolvenz selbst die Verantwortung dafür zu tragen haben.

Wenn in jüngster Zeit immer mal wieder von der Notwendigkeit staatlicher Hilfe die Rede ist, Betrieben durch liquide Mittel oder Bürgschaften zu helfen und damit mögliche Konkurse abzuwenden, ist dies betriebswirtschaftlich sehr fragwürdig. Was dafür spricht, ist zweifellos die Möglichkeit und Notwendigkeit, Arbeitsplätze zu erhalten. Dagegen spricht jedoch, dass nur allzu leicht in ein Fass ohne Boden investiert wird, wenn eine Firma auf dem Markt nicht mehr konkurrenzfähig ist.

Kommen wir zum Ausgangspunkt dieses Gedankens zurück: Sie haben das Risiko für ihr Unternehmen selbst zu tragen!

„Sie" sind in diesem Fall die Unternehmen selbst (und nicht deren Manager, die ihre BWL-Kenntnisse vielleicht nicht immer im Sinne des Unternehmens eingesetzt haben).

> Die **Rechtsform eines Unternehmens** wird bei dessen Gründung bestimmt:
> - Einzelfirma (Kap. 3.1),
> - Personengesellschaft (Kap. 3.2),
> - Kapitalgesellschaft (Kap. 3.3).

Die bei der Unternehmensgründung bestimmte Rechtsform kann während des Geschäftsbetriebes durch Umwandlung in eine andere Rechtsform geändert werden.

Für die Entscheidung, welche Rechtsform ein Unternehmen wählt und für geeignet hält, spielen unterschiedliche Faktoren eine Rolle, die zum Teil auch gegeneinander abzuwägen sind.

Ein ganz simples Beispiel: Sie wollen eine Firma gründen. Auf der einen Seite möchten Sie möglichst das alleinige Sagen haben, auf der anderen Seite reicht Ihr Kapital nicht aus, die Firma alleine zu finanzieren. Schon stehen Sie vor der Frage, irgendeine Partnerschaft eingehen zu müssen, um das Unternehmen zu realisieren. Ein weiterer wichtiger Grund für einen Partner bzw. eine Gesellschaft könnte sein, dass Sie eine zusätzliche Fachkompetenz brauchen und sich an Adam Smith und sein Modell von der Arbeitsteilung erinnern (s. Vorwort).

Wir sehen also, dass der **Kapitalbedarf** oder auch das **Know-how** bei der Entscheidung über die Rechtsform eine Rolle spielen. Und daran schließt sich eine ganz wesentliche weitere Frage an, nämlich die der **Haftung**. Wenn die Entscheidung zugunsten einer Gesellschaft im Gegensatz zur Einzelfirma gefallen ist, ergeben sich weitere wichtige Fragestellungen:
- Wer ist zur Geschäftsführung befugt oder auch verpflichtet?
- Wie werden Gewinne verteilt?
- Was passiert mit eventuellen Verlusten?

Die Rechtsform eines Unternehmens erkennt man an der „Firma", das ist der Name, unter dem der Betrieb geführt wird (unter dem er „firmiert").

Die einzelnen Rechtsformen (Abb. 3.1) werden nachstehend dargestellt und ihre wesentlichen Merkmale bzw. Unterschiede erläutert.

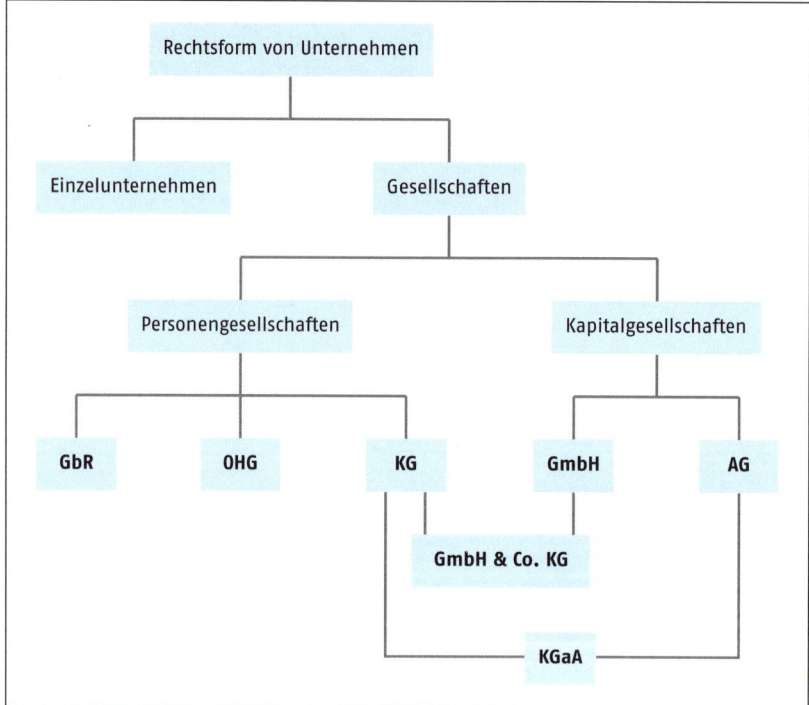

Abb. 3.1 Rechtsformen von Unternehmen

3.1 Einzelfirma

Die Einzelfirma ist die häufigste Rechtsform in Deutschland. Einzelunternehmen sind meistens Klein- oder Mittelbetriebe. Ihre Träger sind natürliche Personen (Abgrenzung natürlicher Personen von juristischen Personen: Kap. 3.3).
Der Inhaber bringt das Kapital des Unternehmens auf. Er trägt das alleinige Risiko und haftet für die Verbindlichkeiten des Unternehmens uneingeschränkt, auch mit seinem Privatvermögen.
Ein wesentlicher Vorteil der Einzelfirma ist natürlich, dass der Inhaber in seinen Entscheidungen völlig frei ist. Er hat alleine die Leitung des Unternehmens und verfügt auch allein über die erzielten Gewinne. Somit ist er auch berechtigt, nach eigenem Ermessen Geld oder Sachwerte aus seinem Unternehmen zu entnehmen.

> Sofern es sich nicht um Kleingewerbetreibende handelt, sind Einzelunternehmen in das Handelsregister einzutragen.

3.2 Personengesellschaften

Bei der Personengesellschaft haben sich mehrere Personen zur Führung eines Unternehmens zusammengeschlossen. Bei Personengesellschaften unterscheiden wir die Rechtsformen
- Gesellschaft bürgerlichen Rechts (GbR),
- Offene Handelsgesellschaft (OHG) und
- Kommanditgesellschaft" (KG).

Worin sich diese Rechtsformen unterscheiden, wird nachstehend erläutert. Erläuterungen zur GmbH & Co. KG finden sich in Kap. 3.4, da es sich hierbei eher um eine Mischform aus Personengesellschaft und Kapitalgesellschaft handelt.
Die an einer Personengesellschaft beteiligten Personen nennt man **Gesellschafter**. Auch in Personengesellschaften gibt es sogenannte **Vollhafter**, die, wie die Inhaber der Einzelfirma, mit ihrem Privatvermögen haften. Voll haftende Gesellschafter sind Leiter bzw. Geschäftsführer des Unternehmens. Wie wir im Folgenden feststellen werden, gibt es jedoch in den Personengesellschaften auch **Teilhafter**, also beteiligte Personen, die nicht in vollem Umfang mit ihrem Privatvermögen für das Unternehmen haften.

3.2.1 Gesellschaft bürgerlichen Rechts (GbR)

> Die **Gesellschaft bürgerlichen Rechts (GbR)** ist die „einfachste" Form der Personengesellschaften. Sie wird auch BGB-Gesellschaft oder Gelegenheitsgesellschaft genannt.

So merkwürdig das auch klingen mag, es kommt nicht selten vor, dass eine Gesellschaft bürgerlichen Rechts besteht, ohne dass deren Inhaber sich dessen bewusst sind. Wenn sich nämlich Personen verpflichten, die Erreichung eines gemeinsamen Zweckes zu fördern und vereinbarte Beiträge leisten, so sagt das Bürgerliche Gesetzbuch (BGB), dass hier eine Gesellschaft bürgerlichen Rechts entsteht.

Ein ganz simples und in der heutigen Zeit häufig anzutreffendes Beispiel für eine unbewusste GbR sind die Fahrgemeinschaften. Dazu bedarf es keiner schriftlichen Vereinbarung und keines Vertrages. Wenn Sie sich mit Ihrem Nachbarn auf Basis der Kostenteilung zu einer Fahrgemeinschaft zusammentun, entsteht eine Gesellschaft bürgerlichen Rechts. Wenn ich sage, es bedarf keiner schriftlichen Vereinbarung, bedeutet das lediglich, dass eine mündliche Vereinbarung zur Gründung und zum Bestehen einer GbR ausreicht. Zur Vermeidung eventueller späterer Streitigkeiten ist es dennoch in den meisten Fällen sinnvoll, die getroffenen Vereinbarungen schriftlich zu fixieren.

Ein Merkmal der Gesellschaft bürgerlichen Rechts ist die meistens beschränkte Dauer der Gesellschaft. Die GbR wird häufig auch nur zur Abwicklung eines größeren Projektes gegründet, deshalb auch der Name „Gelegenheitsgesellschaft", z. B. der Zusammenschluss mehrerer Personen zur Durchführung eines größeren Transports.

Aus dem privaten Bereich sind in diesem Zusammenhang beispielsweise auch Tippgemeinschaften zu nennen – auch sie sind Gesellschaften bürgerlichen Rechts!

3.2.2 Offene Handelsgesellschaft (OHG)

Wenn Sie fragen: „Welche Arten der Personengesellschaften gibt es?", dann ist die häufigste Antwort „OHG und KG". Und wenn Sie weiter fragen: „Wodurch unterscheiden sie sich?", dann hören Sie in den meisten Fällen: „durch die Haftung". So kurz diese Antwort auch ist, sie ist absolut zutreffend!

> Die **Offene Handelsgesellschaft** hat mehrere gleichberechtigte Gesellschafter. Diese haften uneingeschränkt mit ihrem gesamten Vermögen.

Und das ist nicht nur ein Spaß auf dem Papier. „Haften" bedeutet, dass auch das schöne Einfamilienhaus des Gesellschafters weg ist, wenn die Firma ihre Schulden nicht mehr bezahlen kann.

Mir persönlich gefällt folgende Definition für die OHG, weil sie so kurz und präzise ist: Die Offene Handelsgesellschaft ist eine Kollektivgesellschaft, „Societé en nom collectif" – eine Vereinigung zweier oder mehrerer Personen zum Betrieb eines Handelsgewerbes unter einer gemeinschaftlichen Firma, bei welcher alle Teilhaber solidarisch und mit ihrem ganzen Vermögen für die Verbindlichkeiten der Gemeinschaft haften. – Dieser Satz ist über einhundert Jahre alt! Woran Sie erkennen können: Betriebswirtschaftliches Wissen hat Bestand!

Die OHG entsteht durch den Gesellschaftsvertrag zwischen den Gesellschaftern. Die Gesellschaft muss ins Handelsregister eingetragen werden. Das erfolgt bei dem Amtsgericht, in dessen Bezirk die Gesellschaft ihren Sitz hat. Wie schon gesagt, **haften alle Gesellschafter**, und zwar **unbeschränkt, unmittelbar und solidarisch**. Wenn wir das wissen, wäre es nützlich, auch zu wissen, was das genau bedeutet:

- Unbeschränkte Haftung: Jeder Gesellschafter haftet mit seinem gesamten Geschäfts- und Privatvermögen.
- Unmittelbare Haftung: Gläubiger der Gesellschaft haben die Möglichkeit, ihre Forderungen gegen jeden der Gesellschafter direkt geltend zu machen.
- Solidarische Haftung: Jeder Gesellschafter haftet auch für die anderen Gesellschafter, ganz nach dem Motto „einer für alle, alle für einen".

Jeder Gesellschafter ist zur Geschäftsführung berechtigt. Im Gesellschaftsvertrag können spezielle Vereinbarungen zum Vertretungsrecht der Gesellschaft festgelegt werden.

Wenn im Gesellschaftsvertrag keine abweichende Regelung über die **Verteilung von Gewinn und Verlust** getroffen worden ist, gilt die gesetzliche Regelung nach dem **Handelsgesetzbuch (HGB**, sehr treffend auch als „Kern des Handelsrechts" bezeichnet). Danach erhält jeder Gesellschafter zunächst auf seinen Gesellschaftsanteil aus dem Gewinn eine Verzinsung in Höhe von 4%. Ein darüber hinausgehender Gewinn wird unter allen Gesellschaftern gleichmäßig nach Köpfen verteilt. Reicht der Gewinn für eine Kapitalverzinsung von 4% nicht aus, kommt ein entsprechend niedrigerer Prozentsatz zur Auszahlung. Ein eventueller Verlust wird gleichmäßig unter den Gesellschaftern nach Köpfen verteilt, das heißt, der Kapitalanteil eines jeden Gesellschafters wird um den anteiligen Verlust gemindert.

Es ist an den Besonderheiten der OHG unschwer zu erkennen, dass die Wahl dieser Gesellschaftsform großes gegenseitiges Vertrauen der Gesellschafter voraussetzt. „Einer für alle, alle für einen" würde ich mit keinem gerne eingehen, dem ich nicht hundertprozentig über den Weg traue. Der Vorteil ist jedoch, dass jeder Gesellschafter ein ganz persönliches Interesse daran hat, dass die Firma gut geführt ist und solide und erfolgreich arbeitet. Auch wenn der Gesetzgeber kein Mindestkapital für die OHG festgesetzt hat und somit auch mit niedrigen Einlagen eine OHG gegründet werden kann, wird ihre Kreditwürdigkeit in der Regel sehr positiv sein, da die Gesellschafter ja mit ihrem Privatvermögen ebenfalls für die Gesellschaft haften. Das fördert natürlich das Vertrauen von Gläubigern und Banken.

Sie kennen das sicher aus eigener Erfahrung: Sobald Sie einen, wenn auch relativ kleinen Kredit von Ihrer Hausbank benötigen, möchte diese am liebsten von Ihnen eine Sicherheit von ein paar Häusern und einem Gestüt.

Solange also Gesellschafter über entsprechendes Privatvermögen verfügen, ist die OHG bei den Banken ein willkommener Darlehensnehmer.

3.2.3 Kommanditgesellschaft (KG)

Nachdem wir festgestellt haben, dass sich die Personengesellschaften Offene Handelsgesellschaft (OHG) und die Kommanditgesellschaft (KG) im wesentlichen durch die Haftung unterscheiden und dass die Gesellschafter bei der OHG unbeschränkt haften, können Sie ganz leicht selbst die Schlussfolgerung ziehen, dass dies bei der KG nicht der Fall ist. Das „nicht" bezieht sich in diesem Falle auf **alle** Gesellschafter: Nicht alle Gesellschafter einer KG haften unbeschränkt!

Ich will das einmal ganz salopp formulieren: Es gibt Leute, die nicht unbedingt ihr Lebensziel darin sehen, durch die Beteiligung an einem Unternehmen neben ihrer Kapitaleinlage auch noch ihren gesamten Privatbesitz aufs Spiel zu setzen. Im Zusammenhang mit der Gründung einer OHG erwähnte ich die Voraussetzung „Vertrauen". Wie wir alle aus dem täglichen Leben wissen, kann so ein Vertrauen auch seine Grenzen haben. Es tut sicher nicht gut, den Satz zu hören: „Du hast alles verloren, was wir hatten."

> Die **Kommanditgesellschaft** ist eine Personengesellschaft, bei der es neben den **Vollhaftern** auch noch **Teilhafter** gibt.

Die Vollhafter der KG werden **Komplementäre** genannt. Sie haften für die Gesellschaft unbeschränkt mit ihrem gesamten Vermögen, so wie die Gesellschafter der OHG.
Neben diesen persönlich haftenden Gesellschaftern gibt es aber in der KG auch Teilhafter, die sogenannten **Kommanditisten**: Sie haften lediglich mit ihrer Kapitaleinlage und nicht mit ihrem Privatvermögen für die Gesellschaft.

Die Bezeichnungen Komplementär und Kommanditist sollten Sie sich im Zusammenhang mit der Kommanditgesellschaft merken!

Die Einlage der Kommanditisten ist im Gesellschaftsvertrag festgelegt und bleibt in der Regel unverändert. Eine Änderung der Einlage macht eine Änderung des Vertrages erforderlich.

> Die **Geschäftsführung der KG** wird von den Komplementären, also den Vollhaftern, wahrgenommen.

Es ist üblich, dass der Gewinnanteil der Vollhafter höher ist als derjenige der Teilhafter. Es ist auch üblich, dies im Gesellschaftsvertrag festzulegen. Ist das nicht erfolgt, dann gelten die gesetzlichen Bestimmungen, wonach auch die Kapitaleinlagen mit 4% verzinst werden, wobei der darüber hinausgehende Gewinn „in einem angemessenen Verhältnis" zu verteilen ist. Alleine dieser Passus spricht klar dafür, die genaue Gewinnverteilung im Gesellschaftsvertrag zu regeln – denn was ist „angemessen"? Dabei wird die Bedeutung der Geschäftsführung gewür-

digt, die nur von Vollhaftern wahrgenommen wird und natürlich auch das höhere Haftungsrisiko der Komplementäre gegenüber den Kommanditisten.
Genauso schwierig wäre eine „angemessene" Verlustverteilung. Auch das sollte im Gesellschaftsvertrag geregelt werden. Selbstverständlich haftet bei Verlusten der Teilhafter maximal mit seiner Kapitaleinlage.
Auch die KG ist von den Gesellschaftern zum Handelsregister anzumelden.
Man trifft die Gesellschaftsform der KG häufig bei Familiengesellschaften an. Dabei sind einige Familienmitglieder Vollhafter und geschäftsführend tätig, während zum Beispiel Kinder als Kommanditisten mit einem Kapitalanteil beteiligt sind. Der Vorteil liegt darin, dass über ein höheres Gesellschaftskapital verfügt wird, ohne dass jeder mit seinem gesamten Vermögen haften muss. Außerdem ist das auf jeden Fall auch günstiger, als Fremdkapital aufzunehmen und die Firma mit unnötigen und überhöhten Zinsen zu belasten. Erwähnt sei an dieser Stelle noch, dass häufig auch eine OHG in eine KG umgewandelt wird, wenn zum Beispiel ein Erbe bei der OHG zwar den Kapitalanteil behalten, aber nicht uneingeschränkt haften will.

3.3 Kapitalgesellschaften

Kapitalgesellschaften sind juristische Personen. Sie entstehen mit ihrer Eintragung ins Handelsregister.

Die bekanntesten Formen sind
- die Gesellschaft mit beschränkter Haftung (GmbH),
- die Aktiengesellschaft (AG) und
- die Kommanditgesellschaft auf Aktien (KGaA) (mit Abstrichen, siehe unten).

Diese Gesellschaftsformen werden in den nachstehenden Kapiteln einzeln dargestellt und ihre Besonderheiten erläutert.
In Kap. 3.1 war von „natürlichen" Personen die Rede, während wir es bei den Kapitalgesellschaften mit „juristischen" Personen zu tun haben. Der einzelne Mensch ist eine **natürliche Person** und als solcher Träger von Rechten und Pflichten. Die Rechtsfähigkeit hat nichts mit dem Alter oder der Volljährigkeit zu tun, sie beginnt bereits bei der Geburt. Bei **juristischen Personen** hingegen handelt es sich um Zusammenschlüsse bzw. Personenvereinigungen, deren Rechtsfähigkeit mit der Gründung bzw. bei den Kapitalgesellschaften mit der Eintragung in das Handelsregister beginnt.
Man mag zu dem Gedanken neigen: „Boh, eine Kapitalgesellschaft haben sie gegründet!" – Was das Vertrauen anbelangt, sehen das Lieferanten, Gläubiger und Banken oft anders. Während es nämlich bei den Personengesellschaften die persönliche Haftung gibt, haftet bei den Kapitalgesellschaften nur ein festgesetztes „haftendes" Kapital. Um dem gerecht zu werden und einen gewissen Gläubigerschutz sicherzustellen, hat der Gesetzgeber nicht nur ein Mindestkapital für die

Kapitalgesellschaften festgelegt, sondern stellt zudem auch höhere Anforderungen an die Bilanzierung, Ergebnisverwendung und vieles mehr. Der Begriff „Kapitalgesellschaft" ist so zu erklären, dass sie auf der **kapitalmäßigen** Beteiligung der Gesellschafter beruht, während bei der „Personengesellschaft" die **persönliche** Mitarbeit der Gesellschafter die Gesellschaftsform bestimmt.

*Der Vollständigkeit halber sei hier erwähnt, dass auch die **Bergrechtliche Gewerkschaft** zu den Kapitalgesellschaften gehört. Die Anteilscheine, vergleichbar mit Aktien bei einer Aktiengesellschaft, werden **Kuxe** genannt. Auch die Organe der bergrechtlichen Gewerkschaft ähneln denen der AG, nämlich Grubenvorstand und Gewerkenversammlung. – Von eher allgemeinem als betriebswirtschaftlichem Interesse ist vielleicht noch, dass man den Gewinn bei den bergrechtlichen Gewerkschaften „Ausbeute" nennt. Natürlich, das ist ja auch abgeleitet aus der Ausbeutung des Bergwerks, zum Beispiel der Beute „Kohle". Aber so ein bisschen Ausbeute könnte man manchmal auch bei anderen Branchen durchaus vermuten, deren hohe Gewinne zum Teil ebenfalls aus einer Art „Ausbeutung" resultieren. – Ich weiß nicht, warum ich gerade bei diesen Zeilen ausgerechnet an meine letzte Gasrechnung denken muss.*

3.3.1 Gesellschaft mit beschränkter Haftung (GmbH)

Die Gesellschaft mit beschränkter Haftung (GmbH) ist eine Kapitalgesellschaft und, wie wir festgestellt haben, eine juristische Person. Das bedeutet gleichzeitig, dass die GmbH als solche eine eigene Rechtspersönlichkeit besitzt. Hierzu ist es erforderlich, einen Gesellschaftsvertrag abzuschließen und die Gesellschaft in das Handelsregister eintragen zu lassen. Zur Gründung einer GmbH bedarf es wenigstens zwei Gesellschaftern. Die Führung einer Ein-Personen-GmbH ist jedoch zulässig.

> Für die Verbindlichkeiten einer Gesellschaft mit beschränkter Haftung (GmbH) haftet nur das Gesellschaftsvermögen, das sogenannte **Stammkapital**. Die Gesellschafter haften somit auch nur der Gesellschaft gegenüber mit ihrer Kapitaleinlage.

Im Rahmen der GmbH-Reform war eine Absenkung des derzeitigen Mindeststammkapitals bei Gesellschaften mit beschränkter Haftung von 25 000 Euro auf 10 000 Euro geplant, die jedoch vorerst nicht realisiert worden ist (Stand 2011/2012). Das Mindeststammkapital einer GmbH beträgt somit 25 000 Euro.
Organe der GmbH sind die **Geschäftsführung** und die **Gesellschafterversammlung**. Hat die Gesellschaft mehr als 500 Beschäftigte, kommt als drittes Organ der **Aufsichtsrat** hinzu.
Die Gesellschafter können einen oder mehrere Geschäftsführer bestellen. Die Geschäftsführung erfolgt durch den oder die Geschäftsführer. Oberstes Organ ist die Versammlung der Gesellschafter, die auch ein Weisungs- und Kontrollrecht gegenüber den Geschäftsführern hat und über den Jahresabschluss und eventu-

elle Satzungsänderungen beschließt. Die Aufstellung des Jahresabschlusses erfolgt durch die Geschäftsführung. Der Aufsichtsrat hat Überwachungsaufgaben und handelt als solcher auch im Interesse der Belegschaft, die neben den Gesellschaftern auch an der Wahl der Aufsichtsratsmitglieder anteilig teilnimmt. Gesellschaften mit bis zu 500 Mitarbeitern können auch freiwillig einen Aufsichtsrat einsetzen.

Neben den Vorschriften des Handelsgesetzbuches (HGB) und des Bürgerlichen Gesetzbuches (BGB) sowie weiterer Gesetzgebung sind die Besonderheiten der GmbH, ihre Einrichtung, Organisation und Stellung im Rechtsverkehr usw., eigens im **GmbH-Gesetz** geregelt.

Dieses Gesetz (GmbHG) hat den wohlklingenden Namen „Gesetz betreffend die Gesellschaften mit beschränkter Haftung." Das ist vielleicht etwas gewöhnungsbedürftig, ich wollte es auch nur hier im „Buch betreffend die Betriebswirtschaftslehre" einmal erwähnt haben. Man spricht hier von „lex specialis", einem speziellen Gesetz, das Vorrang hat vor dem „lex generalis", dem allgemeinen Gesetz.

Die Gewinnverteilung ist bei der GmbH in der Regel im Gesellschaftsvertrag geregelt. Ist das nicht der Fall, dann bestimmt das GmbH-Gesetz eine Verteilung im Verhältnis der Anteile der einzelnen Gesellschafter.

3.3.2 *Aktiengesellschaft (AG)*

Die Aktiengesellschaft (AG) ist ebenso wie die GmbH eine Kapitalgesellschaft mit eigener Rechtspersönlichkeit. Auch sie entsteht mit der Eintragung in das Handelsregister. Während eine GmbH von zwei Personen gegründet werden kann, sind zur Gründung einer AG mindestens fünf Gründer erforderlich. Diese müssen jedoch nicht zwangsläufig auch Gesellschafter der AG sein. Sie stellen einen Gesellschaftsvertrag auf und bestellen als Organe den **Vorstand** und einen **Aufsichtsrat**, um dann die Eintragung ins Handelsregister vorzunehmen und somit die AG zu einer juristischen Person zu machen (vgl. Kap. 3.3).

> Eine wesentliche Besonderheit der Aktiengesellschaft (AG) ist die Ausgabe von **Aktien**. Hierbei handelt es sich um Urkunden, die einen Anteil am Kapital der Gesellschaft darstellen.

Bei der AG spricht man nicht von Stammkapital wie bei der GmbH, sondern von **Grundkapital**. Dieses Grundkapital stückelt sich also in Anteile, über die die Aktionäre verfügen, ohne dass die Aktionäre für die Schulden der Gesellschaft persönlich haften. Das Grundkapital einer AG muss mindestens 50 000 Euro betragen. Es wird auch **„Nominalkapital"** genannt und als sogenanntes „gezeichnetes" Kapital in der Bilanz ausgewiesen. Dies ist nicht gleichzusetzen mit dem gesamten Eigenkapital der AG. Das separat unter dem Eigenkapital ausgewiesene „gezeichnete" Kapital ergibt sich aus dem Nennwert der ausgegebenen Aktien,

was ja beispielsweise bei den Rücklagen nicht der Fall ist (obwohl diese sehr wohl auch Bestandteil des Eigenkapitals sind).
Zu den bereits erwähnten Organen Vorstand und Aufsichtsrat kommt als Vollversammlung der Aktionäre die **Hauptversammlung** hinzu.
Die entsprechenden Begriffe von GmbH und Aktiengesellschaft sind zur besseren Übersicht in Tab. 3.1 einander gegenübergestellt.

Tab. 3.1 Kapital und Organe bei GmbH und AG

GmbH	AG
• Stammkapital	• Grundkapital
• Geschäftsführung	• Vorstand
• Aufsichtsrat	• Aufsichtsrat
• Gesellschafterversammlung	• Hauptversammlung

Der Vorstand einer AG wird vom Aufsichtsrat bestellt. Er ist nicht weisungsgebunden, kann jedoch aus wichtigem Grund abberufen werden. Auch wenn der Vorstand nicht weisungsgebunden ist, wird er vom Aufsichtsrat überwacht.

> Ein Vorstandsmitglied darf nicht gleichzeitig Mitglied des Aufsichtsrates sein!

Für die Erstellung der Jahresabschlüsse ist der Vorstand zuständig (bei der GmbH die Geschäftsführung).
Nach dem Motto „Wer das Geld hat, hat das Sagen" ist auch bei der Aktiengesellschaft das oberste Organ die Gesamtheit der Anteilseigner, das heißt die Geldgeber bzw. die Aktionäre – also die **Hauptversammlung**.

Den Aktionären gehört ja schließlich auch die Gesellschaft! Man sollte nicht verschweigen, dass dies so mancher Vorstandsvorsitzende hin und wieder mal „vergisst".

Die Hauptversammlung wählt zwei Drittel, die Belegschaft ein Drittel des Aufsichtsrates. Seine Amtszeit beträgt maximal vier Jahre.
Tab. 3.2 fasst die Organe einer Aktiengesellschaft und deren Aufgaben noch einmal zusammen.

Tab. 3.2 Organe innerhalb einer AG und deren Aufgaben

Organ	Aufgabe
Vorstand	Geschäftsführung, ausführendes und leitendes Organ der AG
Aufsichtsrat	Überwachung, Überwachungsorgan der AG
Hauptversammlung	Vertretung der Aktionäre, Beschlussorgan der AG

Zum Jahresabschluss der AG gehören
- die Jahresbilanz,
- die Gewinn- und Verlustrechnung und
- der Geschäftsbericht.

Diese sind vom Vorstand zu erstellen und von einem Abschlussprüfer/Wirtschaftsprüfer zu prüfen. Dem Aufsichtsrat wird der Jahresabschluss mit dem Prüfbericht zur „Feststellung" vorgelegt. Stimmt der Aufsichtsrat dem geprüften Jahresabschluss zu (er billigt ihn!), gilt dieser als „festgestellt." Zur Entgegennahme dieses festgestellten Jahresabschlusses und zur Beschlussfassung über die Ergebnisverwendung beruft der Vorstand die Hauptversammlung ein.

Die umfangreichen speziellen Bestimmungen für die Errichtung und Führung von Aktiengesellschaften sind im **Aktiengesetz (AktG)** geregelt.

3.3.3 Kommanditgesellschaft auf Aktien (KGaA)

> Die **Kommanditgesellschaft auf Aktien (KGaA)** kann als eine Mischform aus Personengesellschaft und Kapitalgesellschaft bezeichnet werden. Dennoch gehört sie zu den Kapitalgesellschaften. Ihre spezifischen Bestimmungen sind ebenfalls im Aktiengesetz geregelt.

Die KGaA besteht aus mindestens einem Komplementär, also einem Vollhafter. Damit wird also auch hier der unbeschränkten Haftung, wie das bei der KG der Fall ist, Rechnung getragen. Bei der Kommanditgesellschaft auf Aktien steht dem Vollhafter das Recht zur Geschäftsführung zu. Die Kommanditisten (Teilhafter) verfügen über ihre Einlage in Form von Aktien, daher der Name Kommanditgesellschaft auf Aktien.

Die Gründung einer KGaA erfolgt analog der Aktiengesellschaft, auch hier sind einschließlich der Vollhafter mindestens fünf Gründungsmitglieder erforderlich. Die Wahrnehmung der Interessen der Kommanditisten erfolgt auch bei der KGaA in der Hauptversammlung und entsprechend im Aufsichtsrat.

Besitzt ein Vollhafter auch Aktien, hat er zwar ein beschränktes Stimmrecht in der Hauptversammlung, darf jedoch – wie bei der AG – nicht zugleich Mitglied des Aufsichtsrates sein.

Ein Vorteil der Kommanditgesellschaft auf Aktien ist bei der Gründung die Kapitalbeschaffung durch Herausgabe von Aktien, auch **Emission** genannt, und somit der Zugang zum Kapitalmarkt. Dagegen ergibt sich hier für die Kommanditisten der Nachteil, dass sie kaum auf die Gesellschaft Einfluss nehmen können und die Interessen des oder der Vollhafter ganz sicher nicht in erster Linie darin liegen dürften, möglichst hohe Dividenden an die Aktionäre auszuschütten.

3.4 GmbH & Co. KG

> Auch wenn die **GmbH & Co. KG** eine Kommanditgesellschaft ist – und somit den Personengesellschaften zuzurechnen ist –, handelt es sich auch hierbei im Grunde um eine Mischform aus Personengesellschaft und Kapitalgesellschaft.

Der einzige Komplementär einer GmbH & Co. KG ist eine GmbH, während die Kommanditisten in der Regel gleichzeitig auch die Gesellschafter der GmbH sind.

Ich empfehle, hier eine kleine Lesepause zu machen und das auf sich einwirken zu lassen. Die altehrwürdigen Kaufleute der Hanse hätten vermutlich gesagt: „Sowas gehört verboten!"

Hier ist also der Vollhafter einer Kommanditgesellschaft keine natürliche Person, sondern eine juristische Person, nämlich eine Gesellschaft mit beschränkter Haftung.

Da stellt sich doch die Frage: Wie kann einer mit beschränkter Haftung voll haften? Ein Widerspruch in sich! So etwas darf man auch in BWL ruhig einmal kritisch hinterfragen.

Es ist in der Tat so, dass der Vollhafter hier eine GmbH ist und deshalb auch nur mit dem Vermögen der GmbH haftet. Neben steuerlichen Überlegungen ist diese Haftungsbeschränkung natürlich ein ganz wesentlicher Grund dafür, dass die GmbH & Co. KG eine weit verbreitete Gesellschaftsform ist. Die Gleichsetzung „Komplementär = Vollhafter" muss man also bei der GmbH & Co. KG relativieren. Es liegt auf der Hand, dass die Banken mit ihrer Kreditgewährung bei dieser Gesellschaftsform kritischer und zurückhaltender sind und sich gegebenenfalls durch private Bürgschaften der Gesellschafter absichern.

4 Die Produktionsfaktoren des Unternehmens

Produktionsfaktoren sind die in der Leistungserstellung eingesetzten Güter und Dienstleistungen.
Die Volkswirtschaft unterscheidet drei Produktionsfaktoren: Arbeit, Kapital und Boden.

> Aus betriebswirtschaftlicher Sicht gehören zu den **Produktionsfaktoren**:
> - Maschinen,
> - Energie,
> - Werkstoffe und
> - Arbeit.

Selbstverständlich sind hier auch alternative Gliederungen möglich, z. B. technische Anlagen, Rohstoffe, Hilfsstoffe und Betriebsstoffe – also **alle Grundlagen, die eine Produktion erst möglich machen**. Im Hinblick auf die Wirtschaftlichkeit ist als weiterer Produktionsfaktor auch die **Organisation** zu nennen.

Eine ausführliche Abhandlung über den Prozess der Leistungserstellung finden Sie in Kap. 10 (Produktionswirtschaft).

Arbeit
Was ist Arbeit? Das Wörterbuch der Wirtschaft aus dem Jahre 1958 definiert Arbeit wie folgt: „Arbeit ist die Betätigung geistiger, seelischer und körperlicher Kräfte im Dienste der Bedarfsdeckung des sozialen Ganzen. Seit dem Heraufkommen des modernen Berufsethos im Protestantismus, der sittlichen Forderung der Pflichterfüllung bei Kant und der sozialen Bewertung des Arbeitseinkommens gegenüber dem ohne Arbeitsleistung erworbenen Einkommen aus Vermögen und Besitz ist eine Arbeitsweltanschauung herangereift, die im Rahmen einer Sozialethik die Arbeit als einen der höchsten sittlichen Werte der Persönlichkeit und der Menschheit betrachtet."
Diese Definition erscheint mir interessant und wichtig genug, sie hier mit aufzunehmen. In ihrer Bedeutung als Produktionsfaktor hat die Arbeit durch verschiedene Einflüsse im Laufe der Zeit nicht immer den gleichen Stellenwert gehabt. Es steht jedoch außer Zweifel, dass die richtige Auswahl und der richtige Einsatz von Arbeitskräften einen ganz erheblichen Einfluss auf die Wirtschaftlichkeit haben. Die Arbeit spielt sowohl in der Ausführung am Erzeugnis, einem Produkt oder einer Dienstleistung, als auch in der Disposition wie Planung, Organisation, Leitung und Kontrolle eine herausragende Rolle.
Interessant ist sicher die Feststellung, dass die menschliche Arbeit quantitativ durch ständig wachsende Automatisierung der Abläufe an Bedeutung verloren hat, wobei die qualitativen Anforderungen ständig gewachsen sind. Eine Folge daraus ist der immer lauter werdende Ruf nach qualifizierten Fachkräften.

5 Die Mitarbeiter des Unternehmens

Ein ehemaliger Schulfreund kommt zum Generaldirektor eines großen Betriebes und fragt, ob er nicht eine Arbeitsstelle für ihn hätte, da er vor einiger Zeit arbeitslos geworden sei. „Natürlich kann ich etwas für einen alten Schulfreund tun. Wie wäre es mit der Stelle eines Finanzdirektors, 50 000 Euro im Monat plus der üblichen Vergünstigungen, Firmenwagen usw. ?" – „Nicht so hoch," unterbricht ihn der Schulfreund. „Nicht so hoch? Ich kann dich zum leitenden Marketingmanager machen, 25 000 Euro im Monat zuzüglich ..." „Nein, nein," unterbricht der Schulfreund wieder, „ich hatte an einen Sachbearbeiterposten gedacht, vielleicht im Einkauf oder in der Buchhaltung." – „Mein lieber Freund," sagte der Generaldirektor, „dann musst du aber etwas können!"

Grundsätzlich unterscheiden wir innerhalb eines Unternehmens in
- leitende Mitarbeiter und
- nicht leitende Mitarbeiter.

Im kaufmännischen Bereich sind dies in leitender Position Vorstandsmitglieder, Geschäftsführer, Prokuristen und Abteilungsleiter, im nicht leitenden Bereich Angestellte. Hauptsächlich im Produktionsbereich und in handwerklichen Dienstleistungsbereichen werden vielfach Meister und Arbeiter beschäftigt. Hinzu kommen in verschiedenen Unternehmensbereichen die Auszubildenden.

5.1 Leitende Mitarbeiter

Zur besseren Übersicht sind in Tab. 5.1 noch einmal die mit der Geschäftsführung der einzelnen Unternehmensarten betrauten Personen aufgelistet.

Tab. 5.1 Unternehmensarten und geschäftsführende Personen

Unternehmensart	Geschäftsführende Person
Einzelfirma	Inhaber
Gesellschaft bürgerlichen Rechts (GbR)	Gesellschafter = Geschäftsführer
Offene Handelsgesellschaft (OHG)	Lt. Gesellschaftsvertrag = Geschäftsführer
Kommanditgesellschaft (KG)	Komplementäre = Geschäftsführer
Gesellschaft mit beschränkter Haftung (GmbH)	Von den Gesellschaftern bestellt = Geschäftsführer
Aktiengesellschaft (AG)	Vom Aufsichtsrat bestellt = Vorstand
Kommanditgesellschaft auf Aktien (KGaA)	Komplementäre = Geschäftsführer
GmbH & Co KG	Geschäftsführer (die der GmbH)

Hierbei handelt es sich um die **oberste Führungsebene**, die Unternehmensleitung. Bei den Gesellschaften hat sich dafür der Begriff **„Topmanagement"** geprägt. Insbesondere in größeren Unternehmen treffen wir hier auch häufig die Bezeichnung „Direktor" an.
Als Bevollmächtigte und Vertretungsberechtigte kommt eine besondere Bedeutung den **Prokuristen** zu.

> Der **Prokurist** ist – abgesehen von der Auflösung oder dem Verkauf des Unternehmens, der Aufnahme von Gesellschaftern, der Erteilung von Prokura, der Unterzeichnung der Jahresabschlüsse und der Veräußerung oder Belastung von Grundstücken – zu allen Geschäften und Rechtshandlungen in dem Unternehmen berechtigt.
> Die Prokura ist im Handelsregister einzutragen.

Eine Einschränkung in Bezug auf die oben genannten Rechte kann im Innenverhältnis vereinbart werden, ist aber Dritten gegenüber unwirksam. Eine Einschränkung der Handlungsfreiheiten von Prokuristen kann auch dadurch erfolgen, dass keine **Einzelprokura**, sondern eine **Gesamtprokura** erteilt wird, bei der die Vertretungsmacht nur durch zwei oder mehrere Personen gemeinsam ausgeübt werden kann.
Zur **mittleren Führungsebene** gehören Mitarbeiter, die mit besonderen Vollmachten ausgestattet sind, wie Bereichsleiter, Abteilungsleiter u. a. Auf der mittleren Führungsebene werden Mitarbeiter teilweise mit einer sogenannten **Handlungsvollmacht** ausgestattet. Die Handlungsvollmacht ist ein Vertretungsrecht, das insbesondere bei Abteilungsleitern, Filialleitern usw. anzutreffen ist.
Als **untere Führungsebene** kann man Sachgebietsleiter und Gruppenleiter mit begrenzten Weisungsbefugnissen bezeichnen. Hierzu gehören auch Meister, Werkstätten-Leiter usw.

5.2 Sonstige Mitarbeiter

Der Wortherkunft nach sind das Menschen, die „mit arbeiten". Wir verstehen unter Mitarbeitern grundsätzlich **Angestellte** und **Arbeiter**.

Ich halte diese Trennung für nicht mehr zeitgemäß, insbesondere auch deshalb, weil man dem Angestellten gegenüber dem Arbeiter immer noch Privilegien einräumt.

Die gebräuchliche Bezeichnung für alle Mitarbeiter eines Unternehmens lautet: **„Personal"**.

Hierzu habe ich einen sehr schönen Satz von Konrad Mellerowicz, einem anerkannten Wirtschaftswissenschaftler, gelesen. Dieser lautet: „Zur Rationalisierung der Verwaltung vom Personal her bedarf es einer Personalpolitik und einer Personalplanung, die durch die richtige Auswahl, Ausbildung und Weiterbildung und durch menschen-

würdige Behandlung und gerechte Entlohnung die Arbeitsfreude und das Arbeitsergebnis des Personals in der Verwaltung zu steigern vermögen." – Ist das denn nicht schön? Der Satz befindet sich in dem Buch „Betriebswirtschaftslehre der Industrie Band I", Rudolf Haufe Verlag 1968.

Im kaufmännischen Bereich spricht man von kaufmännischen Angestellten. Als typische Berufsbilder sind hier u.a. zu nennen: Industriekauffrau/-mann, Bürokauffrau/-mann und Kauffrau/Kaufmann für Bürokommunikation. Hierbei handelt es sich um kaufmännische Ausbildungsberufe (Kap. 5.3). Im Gegensatz zu selbstständigen Kaufleuten sind die Mitarbeiter **Arbeitnehmer**, die in abhängiger Stellung ihre Dienste gegen Bezahlung leisten und ihrem **Arbeitgeber** gegenüber eine Dienstleistungs-, Treue- und Schweigepflicht haben, wobei der Arbeitgeber ihnen gegenüber insbesondere eine Vergütungs- und Fürsorgepflicht hat. Zu den Pflichten des Arbeitgebers gehören auch die Gewährung von Urlaub und die Ausstellung eines Zeugnisses bei Ausscheiden aus dem Unternehmen.

> Die wesentlichen gesetzlichen Bestimmungen über die wechselseitigen Pflichten und Rechte von Arbeitnehmern und Arbeitgebern sind im Handelsgesetzbuch (HGB) geregelt.

5.3 Die kaufmännische Ausbildung

Im Rahmen der staatlich anerkannten Ausbildungsberufe gibt es unter verschiedenen Berufsgruppen kaufmännische Berufe, die je nach Branche und Fachrichtung unterschiedliche Schwerpunkte haben. Die wesentlichen branchenabhängigen kaufmännischen Berufe sind in Tab. 5.2 zusammengefasst.
Die im Kap. 5.2 erläuterte Vergütungs- und Fürsorgepflicht des Arbeitgebers gegenüber seinen Arbeitnehmern gilt gleichermaßen für den Ausbildenden gegenüber seinen Auszubildenden und wird ergänzt um eine Ausbildungspflicht. Die Bestimmungen zur Berufsausbildung sind in erster Linie im **Berufsbildungsgesetz** geregelt.
Am Beispiel des staatlich anerkannten Ausbildungsberufes der Bürokaufleute, geregelt durch eine „Verordnung über die Berufsausbildung zum Bürokaufmann/Bürokauffrau", sind in Tab. 5.3 die Fertigkeiten und Kenntnisse aufgeführt, die mindestens Gegenstand der Berufsausbildung sein müssen.

> Die notwendigen Fertigkeiten und Kenntnisse sollen so vermittelt werden, dass der Auszubildende zur Ausübung einer qualifizierten beruflichen Tätigkeit befähigt ist, die insbesondere selbstständiges Planen, Durchführen und Kontrollieren einschließt. Diese Befähigung ist auch in den Prüfungen nachzuweisen.

Auf der Basis der zu vermittelnden Fähigkeiten und Kenntnisse wird unter Zugrundelegung eines „Ausbildungsrahmenplans" ein Ausbildungsplan erstellt, in dem

Tab. 5.2 Kaufmännische Berufe

Berufsgruppe	Beispiele
Warenkaufleute	Kaufmann im Groß- und Außenhandel Kaufmann im Einzelhandel Verlagskaufmann
Bank- und Versicherungskaufleute	
Andere Dienstleistungskaufleute	Speditionskaufmann Reiseverkehrskaufmann Werbekaufmann
Berufe des Landverkehrs	Kaufmann im Eisenbahn- u. Straßenverkehr
Rechnungskaufleute Datenverarbeitungskaufleute	
Informatikkaufleute	
Bürofachkräfte Bürohilfskräfte	Kaufmann für Bürokommunikation Bürokaufmann Industriekaufmann

Hinweis: Der Begriff „Kaufmann" ist hier selbstverständlich gleichzusetzen mit „Kauffrau" – aus Platzgründen und zugunsten einer besseren Lesbarkeit wurde darauf verzichtet, stets beide Begriffe aufzuführen.

die einzelnen Funktionsstellen und Abteilungen des Betriebes und die Zeiträume aufgeführt sind, in denen die genannten Fähigkeiten und Kenntnisse vermittelt werden. Die Vermittlung der dem Berufsbild entsprechenden Fähigkeiten und Kenntnisse gehört zu der oben erwähnten **Ausbildungspflicht des Ausbildenden**. Der Ausbildungsbetrieb delegiert dies in der Regel an einen Ausbilder aus der Belegschaft. Für den **Ausbildungsvertrag** sind die **Industrie- und Handelskammern** zuständig, die auch die Abschlussprüfungen vornehmen. Neben der praktischen Ausbildung in den Betrieben (üblich sind drei Jahre mit Verkürzungsmöglichkeiten) werden theoretische Kenntnisse in den Berufsschulen vermittelt, die der Auszubildende zu besuchen hat.

An Zeiten, in denen die Auszubildenden noch „Lehrlinge" hießen und sogar für ihre Ausbildung einen vereinbarten Betrag an den Ausbildungsbetrieb zahlen mussten, kann man sich kaum noch erinnern. Heute besteht eine **Vergütungspflicht** für den Ausbildenden.

Ich erinnere mich, dass ich im ersten Ausbildungsjahr zum Industriekaufmann monatlich 53 DM als Ausbildungsvergütung erhalten habe. Und wir waren mächtig stolz darauf! Das sind umgerechnet ungefähr 27 Euro. Und das begab sich nicht etwa in einer sogenannten kleinen „Klitsche", sondern in einer sehr großen und marktführenden Aktiengesellschaft. – Es waren einfach andere Zeiten als heute.

Tab. 5.3 Fertigkeiten und Kenntnisse der Bürokaufleute
(Gegenstandskatalog der Berufsausbildung)

Lernfelder	Themen
Der Ausbildungsbetrieb	• Stellung des Ausbildungsbetriebes in der Gesamtwirtschaft • Berufsbildung • Arbeitssicherheit, Umweltschutz und rationelle Energieverwendung
Organisation und Leistungen	• Leistungserstellung und Leistungsverwertung • Betriebliche Organisation und Funktionszusammenhänge
Bürowirtschaft und Statistik	• Organisation des Arbeitsplatzes • Arbeits- und Organisationsmittel • Bürowirtschaftliche Abläufe • Statistik
Informationsverarbeitung	• Textverarbeitung • Bürokommunikationstechniken • Datenverarbeitung für kaufmännische Anwendungen
Betriebliches Rechnungswesen	• Kaufmännische Steuerung und Kontrolle • Buchführung • Kostenrechnung
Personalwesen	• Grundlagen des betrieblichen Personalwesens • Personalverwaltung • Entgeltabrechnung
Büroorganisation	
Auftrags- und Rechnungsbearbeitung, Lagerhaltung	• Auftrags- und Rechnungsbearbeitung • Lagerhaltung

Die **Fürsorgepflicht** beinhaltet den persönlichen Umgang mit dem Auszubildenden (Anstand und Sitte) sowie die Fürsorge für seine Gesundheit, Bereitstellung geeigneter Arbeitsräume und Sicherstellung in jeder Hinsicht vertretbarer Arbeitsbedingungen.

Nach Beendigung der Ausbildung hat der Ausbildende dem Auszubildenden über die Dauer der Ausbildung und die erworbenen Kenntnisse und Fähigkeiten ein Ausbildungszeugnis auszustellen (**Zeugnispflicht**).

6 Die Organisation des Unternehmens

Auf dem roten Ledersofa der Vorstandssekretärin liegt der Leiter der Buchhaltung und schläft. Da sowieso keine Rohstoffe mehr auf Lager sind, hat der Lagerverwalter die Regale beiseite geschoben und spielt im Rohstofflager mit dem Personalchef Tischtennis. Indes ist der Auszubildende gerade damit beschäftigt, einem Kunden auf dem Hof den Mercedesstern von dessen Auto abzumontieren, während aus noch nicht geklärter Ursache die Dame aus der Telefonzentrale gerade mit einem Kinderwagen das Firmengelände verlässt. – Also, so geht das nicht! Der Betrieb braucht „Spielregeln" und eine vernünftige Organisation.

Zunächst müssen Hierarchie, Zuständigkeiten und Abläufe fixiert werden. Es geht darum, Strukturen festzulegen und die Organisation so zu gestalten, dass möglichst optimale und reibungslose Abläufe gewährleistet sind, und Pläne zu erstellen, die zur bestmöglichen und störungsfreien Erreichung der Unternehmensziele führen.

Das Gefüge von Instanzen, Stellen und Abteilungen und die Kommunikationswege innerhalb eines Unternehmens werden in einem **Organisationsplan**, auch **Organigramm** genannt, dargestellt (Abb. 6.1). In größeren Betrieben wird der Organisationsplan durch Stellenpläne ergänzt, in denen Anzahl, Eingruppierung und Zuständigkeit der Mitarbeiter ausgewiesen sind sowie detaillierte Arbeitsplatzbeschreibungen, die eine genaue Auskunft über die Zuständigkeiten jedes einzelnen Mitarbeiters geben.

In den nachfolgenden Kapiteln werden die verschiedenen kaufmännischen Bereiche dieses Organisationsplanes im Einzelnen dargestellt und ihre Aufgaben erläutert. Ausgenommen davon sind die technischen Bereiche wie Forschung und Entwicklung.

Erläuterungen zum Unternehmensmanagement finden Sie in Kap. 7, zum Controlling in Kap. 8 und zur Produktionswirtschaft in Kap. 10.

6.1 Beschaffung

> Unter **Beschaffung** versteht man den Erwerb der für den Betrieb notwendigen Güter und Dienstleistungen.

Im Rahmen des in Abb. 6.1 dargestellten Organisationsplanes geht es hier um eine Abteilung des Unternehmens, und zwar um die Abteilung „Einkauf".

Zur Beschaffungsplanung siehe Kap. 11.1.

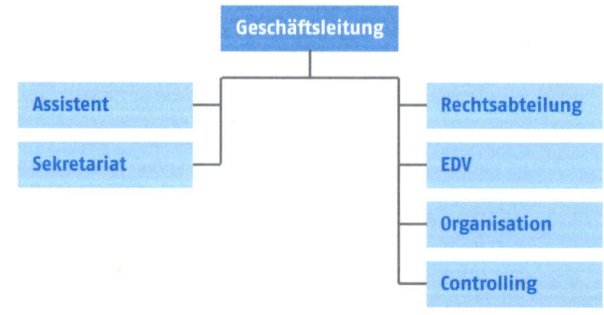

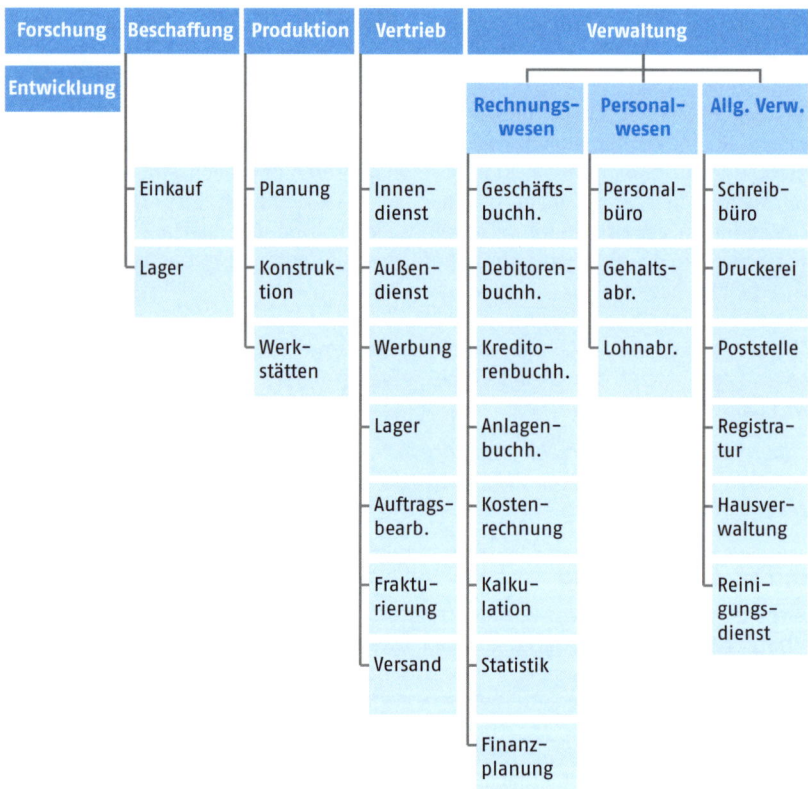

Abb. 6.1 Organigramm eines Unternehmens

6.1.1 Einkauf

Originäre Aufgabe des Einkaufs ist die rechtzeitige Beschaffung der richtigen Ware in der wirtschaftlichsten Menge zu den bestmöglichen Konditionen. Voraussetzung hierfür sind Warenkenntnisse, betriebswirtschaftliche Kenntnisse und Verhandlungsgeschick bei den Einkaufsgesprächen.

Die Einkaufsabteilungen können unterschiedlich organisiert sein. In Verbindung mit der Materialwirtschaft sollte der Einkäufer sowohl Lagerkonten als auch die Aufwandskonten des Materialverbrauchs sowie die Kostenstellen kennen und auch den Artikelstamm der von ihm „bewirtschafteten" Artikelgruppen selbst pflegen und verwalten. Damit wird gleichzeitig sichergestellt, dass er bereits die Bestellungen treffsicher mit der richtigen Kontierung versehen kann und auch die Kontierung der Eingangsrechnungen vornimmt.

Sie sehen an diesen Erläuterungen, dass ich die Organisation des Einkaufs nach dem **Objektprinzip** anführe und empfehle. Objektprinzip bedeutet, dass viele organisatorisch trennbare Aufgabenbereiche von demselben Mitarbeiter wahrgenommen werden und die Aufgabentrennung nach Warengruppen bzw. Bedarfsarten erfolgt. Dies führt automatisch dazu, dass die verschiedenen Einkäufer teilweise im Prinzip gleiche Aufgaben wahrnehmen, nämlich das Führen von Einkaufsgesprächen, die Erteilung von Aufträgen, die Kontierung von Rechnungen, die Pflege des Artikelstamms usw.

Abgesehen von Kombinationsformen ist das Pendant zum Objektprinzip das **Funktionsprinzip**, bei dem die Aufgaben nach Funktionen getrennt sind. Es gäbe dann also beispielsweise eine Stelle für die Bearbeitung von Anfragen und Angeboten, eine für das Bestellwesen, für Terminüberwachung, Rechnungsbearbeitung usw. Abgesehen davon, dass das Objektprinzip für den Einkäufer wesentlich reizvoller und vielseitiger ist, erspart es eine Vielzahl von Rückfragen innerhalb des Einkaufs. Außerdem bietet dieses Modell auch die Möglichkeit, in einem überschaubaren Bereich über bessere Produkt-Kenntnisse zu verfügen und die Kontakte zu den Lieferanten intensiver zu pflegen. Hinzu kommt, dass die Möglichkeiten zur Vertretung eines anderen Mitarbeiters innerhalb des Einkaufs beim Objektprinzip wesentlich größer sind, da jeder mit allen Arbeitsabläufen vertraut ist.

Der übliche Arbeitsablauf in der Beschaffung ist
- die Angebotseinholung,
- die Auswahl des Lieferanten,
- die Aufgabe der Bestellung,
- die Verfolgung der Bestellung und
- die Rechnungsprüfung.

Ich halte es im Rahmen des Objektprinzips für konsequent und aus den geschilderten Gründen auch für einzig richtig, dass jeder Einkäufer auch die Rechnungsprüfung für die von ihm bearbeiteten Objekte wahrnimmt. Ein Grund, der dagegen angeführt werden kann, ist die Aussage, dass das Objektprinzip dort an seine Grenzen stößt, wo die Arbeitsbelastung für den einzelnen Einkäufer zu hoch wird.

Mir scheint dies nicht stichhaltig zu sein. Jede Sachbearbeitung stößt an ihre Grenzen, wenn die Arbeitsbelastung zu hoch wird.

Eine notwendige Arbeitsentlastung bedeutet nicht, dass die Organisationsform zu ändern ist. Es bedarf keines besonderen Einfallsreichtums, in solchen Fällen zu prüfen, wie die Auslastung der anderen Einkäufer ist und ob die Möglichkeit einer Kompensierung besteht. Wenn dies in der ganzen Abteilung nicht der Fall ist, würde auch die Änderung der Organisation das Problem nicht beheben, da in diesem Fall von einer personellen Unterbesetzung auszugehen ist.

Ein viel bedeutungsvollerer Grund, die Rechnungsprüfung vom Einkauf zu trennen, ist die Wahrnehmung einer **Kontrollfunktion**. Die Notwendigkeit einer Einkaufspreiskontrolle außerhalb des Einkaufs wird in der Betriebswirtschaft vielfach vertreten und gefordert, sodass dieses Argument und dieser Hinweis hier nicht fehlen soll. Natürlich entspricht das Funktionsprinzip eher dem Vier-Augen-Prinzip – es kann aber Unregelmäßigkeiten durch „schwarze Schafe" auch nicht verhindern oder ausschließen. Während zur **sachlichen Richtigkeit** die Kontrolle von Preis und Menge gehört, sollte die Prüfung der **rechnerischen Richtigkeit** der Eingangsrechnungen nicht im Einkauf, sondern in der Kreditorenbuchhaltung erfolgen.

6.1.2 Lager

Das Lager dient der Aufbewahrung der im Betrieb benötigten Materialien und Waren. Ob ein zentrales Lager oder mehrere dezentrale Lager unterhalten werden, hängt vom einzelnen Betrieb ab und kann somit nicht pauschal beantwortet werden. In den meisten Fällen ist es ratsam, das oder die Lager dem Einkauf anzugliedern.

Die wesentlichen Aufgaben des Lagers bestehen in
- Annahme und Kontrolle der eingehenden Ware,
- Warenausgabe,
- Führen einer Lagerkartei und
- Erstellung und Weiterleitung von Wareneingangsscheinen und Warenausgangsscheinen.

Auch wenn der Betrieb über eine EDV-gestützte Materialwirtschaft verfügt, werden die daraus ablesbaren Sollbestände der Vorräte mit den Istbeständen im Lager abgeglichen. Es gehört mit zu den originären Aufgaben der Lagerverwaltung, die Bestände der einzelnen Artikel zu überwachen und die Unterschreitung von Mindestmengen, dem sogenannten **eisernen Bestand**, zu verhindern.

6.2 Vertrieb

> Unter **Vertrieb** versteht man alle Maßnahmen zum Verkauf von Gütern und Dienstleistungen am Markt.

Vom Beschaffungs- und Produktionsprozess ausgehend ist der Vertrieb die letzte Phase des unternehmerischen Prozesses, dem Aufzeichnungen, Analysen und Planungen folgen. Betriebswirtschaftlich gehören Planung, Organisation und Verwertung der Güter mit zum Vertrieb. Absatzmethoden, Produkt- und Sortimentsgestaltung, Preispolitik, Markt- und Konkurrenzsituation sowie die Werbung sind Bestandteile der **Vertriebsplanung** und **Vertriebsorganisation**.

*Insbesondere im Sinne derjenigen Leser, die dieses Buch nicht nur als Nachschlagewerk benutzen, sondern meinem Rat folgend wenigstens einmal von der ersten bis zur letzten Seite lesen, finden Sie die **Absatzplanung** im Rahmen der Betriebsplanung in Kap. 11.4 erläutert. Während wir uns hier noch im Bereich des Organigramms im Vertrieb befinden, sind dort die Zusammenhänge im Rahmen des Produktionsprozesses usw. abgehandelt.*

6.2.1 Vertrieb Innendienst

Die Besetzung und Aufgabenstellung einer Verkaufsleitung richtet sich nach Art, Größe und Organisation eines Betriebes. Erkenntnisse und Informationen des Vertriebs sind mit den Bereichen Beschaffung und Produktion eng verzahnt, da hier die Güter einen Absatz am Markt finden sollen, die dort beschafft oder produziert werden.

Wie bereits erwähnt, sind **Produkt- und Marktanalysen** wichtige Voraussetzungen für den Vertrieb der Handelswaren und Erzeugnisse. Ein weiteres Betätigungsfeld ist die **Verkaufsförderung**, auch **Sales Promotion** genannt. Die Verkaufsförderung ist als Ergänzung zur Werbung zu verstehen. Dabei kann es sich einerseits um Präsentationen und Veranstaltungen für potente Kunden handeln, andererseits gehört zur Verkaufsförderung auch die Schulung des eigenen Personals. Unternehmen, die über einen Außendienst verfügen, veranstalten teilweise Verkaufstagungen, in denen die Präsentation der Produktpalette „geübt" und gleichzeitig auch gegenseitige Kontakte erfolgreich vertieft werden.

Weitere Partner können unter Umständen **Handelsvertreter** sein, die als selbstständige Kaufleute Produkte des Unternehmens in dessen Namen und für dessen Rechnung vertreiben. Der „Freie Handelsvertreter" ist zwar selbstständiger Gewerbetreibender und kann somit auch seine Tätigkeit und Arbeitszeit im wesentlichen frei gestalten, hat aber dem Unternehmen gegenüber gewisse Pflichten wie Sorgfaltspflicht, Benachrichtigungspflicht usw. Zu seinen Rechten zählt insbesondere auch der Anspruch auf entsprechende Unterrichtung über die Produkte sowie auf das nötige Werbematerial. Insofern werden auch die Handelsvertreter in die Maßnahmen der Verkaufsförderung eingebunden.

6.2.2 Vertrieb Außendienst

Bei dem Außendienst im engeren Sinne handelt es sich um angestellte Mitarbeiter des Unternehmens. Sie beziehen gewöhnlich ein festes Gehalt (**Fixum**) zuzüglich einer **Umsatzprovision** für die von ihnen getätigten Umsätze. Es ist üblich, dass Außendienstmitarbeiter einen festen Bezirk haben, in dem sie ohne Einzelnachweis an allen Verkäufen beteiligt sind.

Die Umsatzprovision ist ein gutes Instrument, den Verkauf einzelner, beispielsweise besonders gewinnträchtiger Produkte zu steuern. In der Praxis wird daher vielfach die Umsatzprovision in Relation zu den Deckungsbeiträgen der einzelnen Produkte gestaffelt. Gute Produktkenntnisse und gute Kundenkontakte sind ein nicht zu unterschätzendes „Kapital" eines jeden Außendienstmitarbeiters. In vielen Fällen ist es daher angebracht, in die entsprechenden Arbeitsverträge eine sogenannte **Konkurrenzklausel** aufzunehmen, die es dem Mitarbeiter untersagt, nach Verlassen des Unternehmens direkt für ein Konkurrenzunternehmen tätig zu werden.

Wie bereits vorstehend erwähnt, wird der Handelsvertreter im Gegensatz zum angestellten Außendienstmitarbeiter als selbstständiger Kaufmann tätig. Er erhält lediglich eine Provision für die von ihm getätigten Umsätze und darf auch gleichzeitig für andere Unternehmen tätig werden.

6.2.3 Werbung

> Die **Werbung** dient der Bedarfsweckung und ist darauf ausgerichtet, Erzeugnisse und deren Eigenschaften bekannt zu machen und deren Absatz zu fördern.

Eine Vielzahl von Werbemitteln und Werbeträgern wie Prospekte, Plakate, Zeitungen, Funk und Fernsehen werden in Anspruch genommen, um dieses Ziel zu erreichen. Als Maßnahmen der Verkaufsförderung (Sales Promotion, siehe oben) kommen Produktpräsentationen, Preisausschreiben, besondere Dekorationsmittel, Verkaufsständer, Preisnachlässe, Sonderangebote, kostenlose Warenproben usw. infrage. Je nach Produkt richtet sich die Werbung entweder an die Allgemeinheit, oder aber auch an bestimmte Gruppen, bei denen von einem Bedarf an dem beworbenen Produkt auszugehen ist. So wird man sich bei Artikeln des Krankenhausbedarfs nicht an die Allgemeinheit wenden, sondern gezielt die Kliniken mit der Werbung ansprechen. Bei Produkten des täglichen Bedarfs hingegen bietet sich eher eine Werbung über die Medien an.

> Im Gegensatz zur Produktwerbung oder Markenwerbung spricht man von **Public Relation**, wenn sich die Werbung auf das Unternehmen bezieht.

Dauerhafte Werbung wird zum Beispiel erzeugt durch Beschriftungen an Fahrzeugen usw., durch Tragetaschen mit einem Firmenaufdruck oder auch durch spezielle firmentypische Symbole, wie die „Ringe" am Audi, den „Stern" am Mercedes oder das weißblaue „Propeller"-Emblem am BMW.

6.2.4 Vertriebslager

Im Gegensatz zum Materiallager (z. B. für Roh-, Hilfs- und Betriebsstoffe), dem Eingangslager gemäß Kap. 6.1, handelt es sich beim Vertriebslager um ein **Endproduktlager**. Wenn keine separate Versandabteilung besteht, dann erfolgt im Vertriebslager die Verpackung und Versendung der bestellten Waren. Die Lagerzugänge ergeben sich aus dem Einkauf von Handelswaren oder aus den Fertigerzeugnissen eigener Produktion.

6.2.5 Auftragsbearbeitung

Ich erinnere mich an eine Firma, in der eine der „wichtigsten" Aufgaben der Auftragsbearbeitung darin bestand, das wertmäßige Volumen der eingegangenen Aufträge eines jeden Monats zu ermitteln, weil es bei Überschreitung einer bestimmten Grenze für die gesamte Verwaltung Kaffee und Kuchen gab. – Eine schöne Geste, finde ich! So nehmen die Mitarbeiter auf eine sehr nette Art am Erfolg des Unternehmens teil. – Ich hatte das etwas modifiziert ebenfalls übernommen, nur, dass ich nicht den Wert der Aufträge, sondern die kumulierten Deckungsbeiträge für Kaffee und Kuchen zugrunde gelegt habe. Wo es vom Arbeitsaufwand her vertretbar ist, kann ich nur empfehlen, die Auftragseingänge nach Deckungsbeiträgen der bestellten Ware zu bewerten und auf die Art festzustellen, wann die Deckungsgrenze erreicht bzw. überschritten ist und wie die einzelnen Produkte und Aufträge dazu beitragen. Auf diese Weise wird also über die Auftragseingänge annähernd der sogenannte **Break-Even-Point** *ermittelt. Näheres dazu finden Sie in Kap. 6.3.6.*

Die Aufgaben der Auftragsbearbeitung bestehen aus
- der Entgegennahme von Bestellungen,
- der Vornahme von Auftragsbestätigungen,
- der Führung eines Auftragsbuches bzw. Aufzeichnung aller eingegangenen Aufträge sowie
- der Veranlassung und Überwachung der Auftragsausführung und deren Status.

Dazu gehören ferner die Erstellung von Versandpapieren oder deren Veranlassung und die Sicherstellung, dass alle ausgeführten Aufträge zur Fakturierung gelangen. Sofern bestellte Waren nicht lieferbar sind oder vom Kunden genannte Preise bzw. Konditionen nicht akzeptiert werden, fallen entsprechende Mitteilungen an die Kunden ebenfalls in den Zuständigkeitsbereich der Auftragsbearbeitung, sofern der einzelne Betrieb diese Vorgänge nicht anders organisiert hat. Insbesondere bei Abläufen, die außerhalb der Routine liegen, wird sich vielfach die Geschäftsleitung die Entscheidungen über bestimmte Verfahrensweisen vorbehalten und diese keinem Sachbearbeiter überlassen. So werden auch immer einige wichtige Kunden besondere Aufmerksamkeit genießen.

6.2.6 Fakturierung

Fakturierung, das Ausschreiben einer Rechnung, kann für einen Unternehmer neben der Kenntnisnahme von einem Geldeingang eine der angenehmsten Tätigkeiten sein. Die **Rechnung** (lateinisch: factura) enthält die Namen und Anschriften von Aussteller und Empfänger, Art und Umfang der gelieferten Ware oder der erbrachten Leistung, Lieferdatum, Leistungsdatum, Rechnungsdatum, Rechnungsnummer, Nettowert, Umsatzsteuersatz, Umsatzsteuerwert, Bruttobetrag, Zahlungsbedingungen und die Steuernummer des die Rechnung ausstellenden Unternehmens.

Die Rechnung ist gleichzeitig Buchungsbeleg oder Bestandteil einer Rechnungsausgangsliste und somit der ursprüngliche Beleg dafür, dass eine Forderung an den Kunden gebucht und in der Debitorenbuchhaltung ein Offener Posten erzeugt wird.

6.2.7 Versand

Wie bereits angeführt, kann die Verpackung und Versendung durch das **Vertriebslager** oder aber durch eine separate **Versandabteilung** erfolgen. Neben dem Vertriebslager arbeitet der Versand übergreifend mit der Auftragsbearbeitung und ggf. auch mit der Fakturierung zusammen. Das Vertriebslager stellt die bestellte und zu liefernde Ware bereit, die Auftragsbearbeitung ggf. die Versandpapiere und die Fakturierungsstelle die Rechnung, sofern diese mit der Ware verschickt werden soll. Die Zuständigkeiten können natürlich im Einzelfall auch anders geregelt sein.

6.3 Rechnungswesen

Das Rechnungswesen besteht aus
- Buchführung,
- Kostenrechnung/Kalkulation,
- Statistik,
- Planungsrechnung.

Wir unterscheiden zwischen dem Externen Rechnungswesen und dem Internen Rechnungswesen.

Als **Externes Rechnungswesen** bezeichnet man die Buchführung, weil sie die Vorfälle aus dem Verkehr mit der wirtschaftlichen Außenwelt, wie Lieferanten, Kunden, Banken, Behörden usw., erfasst.

Das **Interne Rechnungswesen** dient der Steuerung und Planung des Unternehmens und ist die Bezeichnung für die Kostenrechnung oder auch Kosten- und Leistungsrechnung (KLR).

6.3.1 Geschäftsbuchhaltung

Die **Geschäftsbuchhaltung** ist der Zuständigkeitsbereich des Betriebes für die Geschäftsbuchführung, auch Finanzbuchführung genannt. Sie ist eine **Zeitrechnung**, man nennt sie auch **Periodenrechnung**. Wir bezeichnen sie kurz mit **Buchführung**.

> **Aufgaben der Buchführung**
>
> - Ermittlung von Vermögen und Schulden,
> - Erfassung und Darstellung der Veränderung von Vermögen und Schulden,
> - Erfassung von Aufwand und Ertrag zur Erfolgsermittlung,
> - Zahlenlieferant für Kostenrechnung und Kalkulation,
> - Zahlenlieferant für die Planungsrechnung,
> - Zahlenlieferant für Finanzamt, Banken usw.

In der Geschäftsbuchhaltung werden alle Geschäftsvorfälle chronologisch und lückenlos aufgezeichnet. Da dies in der kaufmännischen Buchführung doppelt, nämlich im Soll und im Haben, geschieht, spricht man auch von **Doppelter Buchführung**, kurz **Doppik**.

Inventur und Inventar. Jede neue Periode, ob Firmengründung oder neues Geschäftsjahr, beginnt mit den aktuellen Vermögenswerten und Schuldposten.

> Die Vermögens- und Schuldenfeststellung nennt man **Inventur**, das sich daraus ergebende Ergebnis, also das Bestandsverzeichnis, ist das **Inventar**.

Am Ende eines jeden Geschäftsjahres erfolgen erneut eine Inventur und die Aufstellung des Inventars. Auf diesen Anfangsbeständen aufbauend beginnt dann jeweils das neue Geschäftsjahr mit der **Eröffnungsbilanz**. Die Zahlen der Eröffnungsbilanz wiederum werden als Anfangsbestände auf die Konten der Geschäftsbuchhaltung vorgetragen – und das neue Geschäftsjahr kann mit seinen Geschäftsvorfällen beginnen.

Die Sachkonten der Geschäftsbuchhaltung gliedern sich nach einem Kontenplan in **Bestandskonten** und **Erfolgskonten**. Wie wir noch feststellen werden, kann es Saldenvorträge aus der Eröffnungsbilanz nur auf Bestandskonten geben, da die Erfolgskonten des abgelaufenen Geschäftsjahrs in die Gewinn- und Verlustrechnung abgeschlossen worden sind und sich somit als Aufwand oder Ertrag bereits erfolgswirksam im Eigenkapital auswirken.

Bilanz und Bilanzveränderung. Nachdem also die Vermögenswerte und die Schuldposten durch die Inventur ermittelt und bewertet im Inventar dargestellt worden sind, wird darauf aufbauend die Bilanz erstellt.

> Die **Bilanz** ist eine in Konten gegliederte Gegenüberstellung von Vermögen und Schulden.

Auf der linken Seite der Bilanz stehen die Vermögenswerte, auf der rechten Seite die Vermögensquellen. Man könnte die Frage stellen: „Was haben Schulden denn mit der Quelle zu tun?" – Sehr viel! Es geht nämlich darum, wie die Vermögenswerte, die auf der linken Seite der Bilanz, auch **Aktiva** genannt, stehen, finanziert worden sind. Und die rechte Seite, auch **Passiva** genannt, gibt Aufschluss darüber, zu welchen Anteilen die Finanzierung aus Eigenkapital oder aus Fremdkapital besteht.

Salopp ausgedrückt könnte man also fragen: Aus welchen Quellen sind die Werte bezahlt? Diese Fragestellung kennen wir auch im privaten Bereich: Gehört das Auto mir, oder gehört es eigentlich noch meiner Bank?

Eine wesentliche Aufgabe der Geschäftsbuchhaltung besteht nun darin, die **Veränderungen von Vermögen und Schulden** zu erfassen und darzustellen. Das vereinfachte Beispiel einer **Eröffnungsbilanz** ist nachfolgend dargestellt.

Aktiva		Eröffnungsbilanz		Passiva
Geschäftsausstattung	80 000,00	Eigenkapital		123 919,28
Forderungen Lief. u. Leist.	27 900,00	Verbindlichk. a. Warenlief.		19 860,00
Sonst. Forderungen	700,00	Sonst. Verbindlichk. Finanzamt		58,30
Waren	30 000,00	Mehrwertsteuer Zahllast		1 519,00
Bank	4 579,02	Noch abzuf. Soziale Abgaben		241,44
Kasse	2 419,00			
	145 598,02			145 598,02

Wenn in diesem Beispiel ein Kunde seine Rechnung in Höhe von 800 Euro durch Banküberweisung bezahlt, hätten wir es mit einem sogenannten Aktivtausch zu tun. Dann würde nämlich die Position „Bank" auf der Aktivseite der Bilanz um 800 Euro höher und die Position „Forderungen aus Lieferungen und Leistungen" um 800 Euro kleiner. Würden wir die ausgewiesenen sonstigen Verbindlichkeiten an das Finanzamt in Höhe von 58,30 Euro bar bezahlen, hätten wir eine Aktiv-Passiv-Minderung – dann würde nämlich die Position „Sonstige Verbindlichkeiten Finanzamt" auf der Passivseite kleiner und gleichzeitig die Position „Kasse" auf der Aktivseite kleiner. Die Möglichkeiten der Bilanzveränderung sind in Tab. 6.1 aufgelistet.

Tab. 6.1 Möglichkeiten der Bilanzveränderung

Bilanzveränderung	Vorgang	Buchungssatz
Aktiv-Passiv-Mehrung	Wareneinkauf auf Ziel	Waren an Verbindlichkeiten
Aktiv-Passiv-Minderung	Bezahlung einer Rechnung	Verbindlichkeiten an Bank
Aktivtausch	Kunde zahlt bar	Kasse an Forderungen
Passivtausch	Umwandlung Bankschuld in ein Darlehen	Bankverbindlichkeiten an Darlehensverbindlichkeiten

Es wäre schon sehr aufwendig und müßig, wenn die Geschäftsbuchhaltung für jeden dieser Vorgänge eine neue Bilanz erstellen müsste. Aus diesem Grunde wird für jede Bilanzposition ein „Konto" eingerichtet und zunächst die Anfangsbestände auf die einzelnen Bestandskonten übertragen. Man spricht dabei vom **Saldovortrag**. Wir hätten also als Beispiel ein Bankkonto, auf dem als Saldovortrag auf der linken Seite 4 579,02 Euro stehen und dann der erwähnte Zahlungseingang in Höhe von 800 Euro „dazu" gebucht wird, sodass der neue Saldo des Kontos nunmehr 5 379,02 Euro beträgt, was auch durch den entsprechenden Bankauszug belegt ist.

In der Praxis werden die Konten nach Bedarf weiter untergliedert. Bei der Beurteilung eines Buchungssatzes empfiehlt es sich, diesen immer aus der Sicht der Bilanz zu betrachten. Die Konten sind ja nichts anderes als „Minibilanzen", die aus den einzelnen Bilanzpositionen herausgelöst sind. Wenn Sie bei jeder Buchung die Veränderung der Bilanz vor Augen haben, so werden Sie feststellen, dass Buchführung sehr einfach und logisch ist. Gehen Sie also bei den Geschäftsvorfällen davon aus, wie sich dadurch Vermögenswerte und Vermögensquellen verändern.

Ein simples Beispiel: Sie bekommen Bargeld. Was passiert in der Bilanz? Der Vermögenswert „Kasse" nimmt zu. Die Kasse ist ein Aktivkonto und steht auf der linken Seite der Bilanz. Wenn dieser Bestand zunimmt, kann es sich also nur um eine Sollbuchung (Soll = die linke Kontoseite) handeln.

> Grundsätzlich gilt: **keine Buchung ohne Gegenbuchung!**

Wofür erfolgte die Zahlung? Sie erfolgte für eine Rechnung, die wir einem Kunden geschickt hatten. Die Rechnung ist auf dem Konto „Forderungen" gebucht, steht folglich auch auf der linken Seite der Bilanz. Aber dieser Vermögenswert nimmt durch die Zahlung ab. Wenn der Bestand eines Aktivkontos abnimmt, kann es sich also nur um eine Habenbuchung (Haben = die rechte Kontoseite) handeln. So einfach ist Buchführung!

Und dann nehmen Sie Geld aus der Kasse, schicken einen Auszubildenden zur Post, er soll Briefmarken kaufen, und Sie stehen vor einem ganz neuen Problem. Ihr Vermögenswert „Kasse" hat abgenommen, also haben Sie auf dem Kassenkonto eine Habenbuchung ausgelöst. Die Briefmarken werden auf Briefe geklebt und sind somit zu „Kosten" geworden.

Ein Vorschlag dazu: Schicken Sie nicht den Auszubildenden, gehen Sie selbst zur Post und denken Sie dabei darüber nach, was sich durch diese verursachten Kosten in Ihrer Bilanz verändert. Sie werden feststellen, dass in der Vermögensquelle „Eigenkapital" die Veränderung erfolgt. Sie haben also keinen Gegenwert für die entstandenen Kosten, folglich schmälern sie Ihr Eigenkapital.

Aufwendungen und Erträge. Bei Aufwendungen und Erträgen handelt es sich um **Veränderungsposten des Eigenkapitals**. Die Geschäftsbuchhaltung braucht also auch Konten, auf denen die Veränderungen des Eigenkapitals erfasst werden. Dies sind, im Gegensatz zu den Bestandskoten, die Erfolgskonten. Und auch hierbei gilt die Logik, dass Sie jeden Buchungssatz aus der Bilanz heraus beurteilen können. Wenn Sie wissen, dass das Eigenkapital eine Vermögensquelle ist und somit auf der rechten Seite der Bilanz steht, dann kann ein Erlös, der ja das Eigenkapital erhöht, auch nur auf einem Erfolgskonto auf der Habenseite gebucht werden. Ebenso können Kosten, die ja das Eigenkapital mindern, auf den Aufwandskonten auch nur im Soll gebucht werden.

> **Aufwendungen** wirken sich somit als Aktiv-Passiv-Minderung, **Erträge** als Aktiv-Passiv-Mehrung aus.

Jahresabschlussposten. Am Ende eines Geschäftsjahres, das in der Regel gleichzeitig das Kalenderjahr ist, erfolgt der Jahresabschluss. Dazu wird auf den Abschlussstichtag eine Inventur vorgenommen. Eventuelle Abweichungen dieser Istbestände von den auf den Konten ausgewiesenen Sollbeständen werden im Zuge des Jahresabschlusses durch Nachbuchungen korrigiert.
Ein Beispiel hierfür sind die Warenbestände. Der sich durch Wiegen, Zählen und Messen der Vorräte und anschließende Bewertung ergebende Inventurbestand stimmt insbesondere bei einem größeren Sortiment nicht mit den Buchbeständen auf den Konten überein. Das kann einerseits an Schwund und Diebstahl liegen, ergibt sich andererseits aber auch aus den Bewertungsvorschriften. Waren sind nach dem sogenannten **Niederstwertprinzip** zu bewerten. Das bedeutet, dass zwischen Einstandspreis und Marktwert zum Bilanzstichtag immer der kleinere Wert dieser beiden zu bilanzieren ist. Dies fordert der Grundsatz einer vorsichtigen Bilanzierung.
Um zu einem periodengerechten Jahresergebnis zu kommen, ergeben sich zum Jahresabschluss ein paar weitere Besonderheiten. Eine davon ist die „AfA", die sogenannte **Absetzung für Abnutzung.** Dabei handelt es sich um die Abschreibungen auf das Anlagevermögen. Auch sie dienen einer richtigen Vermögensbewertung. Der sich durch die Abnutzung von Sachanlagevermögen ergebende Werteverlust wird einerseits als Aufwand erfasst und führt gleichzeitig zur Verminderung des Vermögensausweises der Anlagegüter. Bei der planmäßigen Abschreibung werden somit die Anschaffungs- oder Herstellungskosten von abnutzbaren Anlagegütern auf die geschätzte Nutzungsdauer verteilt.
Weitere Jahresabschlussposten sind die **Rechnungsabgrenzungsposten.** Dabei handelt es sich um Berichtigungsposten zur Erfolgsrechnung. Die Rechnungsabgrenzungsposten dienen der Abgrenzung von Aufwands- und Ertragsposten zwischen zwei Geschäftsjahren. Wenn im abgelaufenen Geschäftsjahr Aufwendungen oder Erträge angefallen und gebucht sind, die das Folgejahr betreffen, spricht man von „**Transitorischen Posten**", das heißt, sie gehen in das nächste Jahr über. Und somit sind diese Posten auch dem Jahreserfolg des Folgejahres zuzuschreiben! Es gibt sowohl aktive, als auch passive transitorische Rechnungsabgrenzungsposten. Eine „**transitorische Aktiva**" wird für Aufwendungen gebildet, die bereits im alten Geschäftsjahr bezahlt worden sind, die aber das neue

Geschäftsjahr betreffen. Im Zuge des Jahresabschlusses ergibt sich dadurch die Buchung „Aktive Rechnungsabgrenzung an Aufwandskonto". Diese Buchung wird im Folgejahr wieder zurückgebucht, sodass der Aufwand periodengerecht im neuen Jahr ausgewiesen ist. Sind im abgelaufenen Geschäftsjahr bereits Erträge vereinnahmt worden, die das Folgejahr betreffen, löst dies eine **„transitorische Passiva"** aus. Dann nämlich lautet die Buchung „Erlöskonto an Passive Rechnungsabgrenzung", und die Rückbuchung wird ebenfalls im Folgejahr vorgenommen.

Antizipative Posten hingegen, bei denen Aufwendungen und Erträge des abgelaufenen Jahres erst im Folgejahr zu Ausgaben oder Einnahmen führen, sind nicht als Rechnungsabgrenzungsposten, sondern als **Sonstige Forderungen und Sonstige Verbindlichkeiten** zu bilanzieren.

Rückstellungen. Besondere Erwähnung im Rahmen der Jahresabschlussbuchungen verdienen auch die Rückstellungen.

> **Rückstellungen** werden für Aufwendungen passiviert, deren Höhe und/oder Fälligkeit noch nicht feststeht. Es handelt sich also um ungewisse Schulden, die dem Grunde nach feststehen, deren exakte Höhe oder Fälligkeit aber noch nicht bekannt sind.

Auch bei den Rückstellungen geht es darum, den Aufwand verursachungsgerecht dem Geschäftsjahr zuzuordnen. Ungewisse Verbindlichkeiten, für die Rückstellungen gebildet werden, sind zum Beispiel Gewährleistungsverpflichtungen, Prozesskosten, Gewerbesteuer, Körperschaftssteuer, Garantieverpflichtungen, nicht genommener Urlaub und noch zu verrechnende Überstunden von Mitarbeitern und Pensionsverpflichtungen, bei denen man insgesamt von **Schuldrückstellungen** spricht, und unterlassene Instandhaltung, die eine **Aufwandsrückstellung** darstellt. Pauschal gesagt lautet der Buchungssatz für die Bildung von Rückstellungen: „Aufwandskonto an Rückstellungen".

Rücklagen. Rücklagen werden bei den Kapitalgesellschaften gebildet und sind separat neben dem festen „gezeichneten" Kapital gesondert auszuweisen. Dabei wird zwischen der **Kapitalrücklage** und der **Gewinnrücklage** unterschieden.

> Im Gegensatz zu den Rückstellungen, die Fremdkapital darstellen, handelt es sich bei **Rücklagen** um Eigenkapital.

Die Rücklage soll der Selbstfinanzierung und der Sicherung künftiger Verluste dienen, deshalb schreibt das Aktiengesetz für Aktiengesellschaften vor, dass zusammen mit der Kapitalrücklage eine Rücklage in Höhe von 10 % des Grundkapitals zu bilden ist. Bis dieser Wert oder ein laut Satzung höher beschlossener Wert erreicht ist, **müssen** 5 % des jeweiligen Jahresüberschusses der **gesetzlichen Rücklage** zugeführt werden. Die Buchung hierfür lautet: „Gewinn- und Verlustkonto an Gesetzliche Rücklage". Diese gesetzlichen Rücklagen und Kapitalrücklagen dürfen nur zum Verlustausgleich verwendet werden.

Neben den gesetzlichen Rücklagen können aus dem Reingewinn auch sogenannte **freie Rücklagen** gebildet werden, über die das Unternehmen verfügen kann. Freie Rücklagen können zum Beispiel zweckbestimmt der Erneuerung von Anlagen oder Gebäuden dienen. Auch wenn das Aktienrecht die gesetzliche Rücklage ausschließlich für Aktiengesellschaften fordert, bilden auch Gesellschaften mit beschränkter Haftung zur Zukunftssicherung und zur besonderen Verwendung zum Teil Rücklagen aus ihrem Gewinn.

Erfolgsermittlung, Schlussbilanz und GuV. Nach Vornahme aller Abschlussbuchungen schließt die Geschäftsbuchhaltung die Sachkonten ab. Dabei werden die Bestandskonten in die **Schlussbilanz** und die Erfolgskonten in die **Gewinn- und Verlustrechnung (GuV)** mit ihren jeweiligen Salden abgeschlossen. Nachdem mit dem Saldo der Gewinn- und Verlustrechnung der **Jahreserfolg** (Überschuss oder Fehlbetrag) ermittelt und der Bilanzposition „Eigenkapital" zugeführt ist, gleichen sich auch in der Schlussbilanz Aktiva und Passiva aus und halten sich der Wortherkunft entsprechend die Waage (Bilanz, bilancia = doppelte Waagschale).

Was sollte man sonst noch wissen? Seit einiger Zeit taucht bei Stellenausschreibungen im Bereich des Rechnungswesens gerne das Anforderungsprofil „Bilanzierung nach HGB (BilMoG)" auf. Wegen der doch recht großen Bedeutung soll dies hier kurz erläutert werden. Allein der Name des Gesetzes ist schon erwähnenswert: **„Bilanzrechtsmodernisierungsgesetz"**, kurz **BilMoG**. Seit dem Bilanzrichtlinengesetz vor über zwanzig Jahren stellt das Bilanzrechtsmodernisierungsgesetz die größte Reform des HGB dar. Ziel des Gesetzes ist eine größere Transparenz bei gleichzeitig weniger Bürokratie. Mit „Modernisierung" sind eine Reihe von Änderungen und Streichungen handelsrechtlicher Ansatz-, Bewertungs- und Ausweiswahlrechte in der Bilanz gemeint, wobei sich Änderungen bei Rückstellungen, bei der Aktivierung immaterieller Wirtschaftsgüter, erworbener Firmen- oder Geschäftswerte, Entwicklungsaufwendungen ergeben haben.

*Dies sind nur einige Bereiche, in denen sich die Bilanzierungsvorschriften durch das BilMoG geändert haben. Mir geht es hier im Rahmen dieses Buches nur darum, Sie auf diese doch sehr bemerkenswerte aktuelle Reform hingewiesen zu haben. Und damit nicht irgendein kluger Bilanz- oder Steuerexperte sagt: „Da bringt er Beispiele und die wichtigste Änderung hat er vergessen", erwähne ich auch gleich noch, dass mit dem Bilanzrechtsmodernisierungsgesetz die sogenannte **umgekehrte Maßgeblichkeit** abgeschafft worden ist.*

Gemeint ist damit die Maßgeblichkeit der Steuerbilanz für die Handelsbilanz. Die Ausübung eines steuerrechtlichen Wahlrechts muss nicht mehr zwingend in die handelsrechtliche Bilanzierung übernommen werden. Das heißt, wer ein steuerliches Wahlrecht in Anspruch nimmt, darf in der Handelsbilanz davon abweichen.

Damit möchte ich aber meinen Kommentar zu dieser gesetzlichen Neuerung in der Bilanzierung nach HGB nun auch wirklich abschließen und mit Ihnen den Gang durch das Unternehmen anhand des Organigramms fortsetzen.

6.3.2 Debitorenbuchhaltung

Der Begriff „Debitor" bezeichnet einen Schuldner, den man in der Unternehmenswelt allerdings bevorzugt als Kunden bezeichnet.

> Die originäre Aufgabe der **Debitorenbuchhaltung** besteht in der Offenen-Posten-Pflege und der Realisierung von Forderungen.

Die Bearbeitung erfolgt üblicherweise nicht autonom, sondern ist in das Programm der Geschäftsbuchhaltung integriert, sodass die Veränderungen gleichzeitig auf den Debitoren-Sachkonten der Buchhaltung erfolgen.

Offene-Posten-Pflege. Forderungen aus den erbrachten Leistungen werden in der Regel im Kontokorrent über Personenkonten gebucht und als **Offene Posten** verwaltet. Es empfiehlt sich, auch die Sonstigen Forderungen in den Zuständigkeitsbereich der Debitorenbuchhaltung zu nehmen.
Da Lieferungen und Leistungen grundsätzlich debitorisch gebucht werden, betreffen die Zahlungseingänge des Unternehmens überwiegend die Debitorenbuchhaltung. Es ist daher zu empfehlen, die Kassenabschlüsse und eingehende Bankauszüge direkt an die Debitorenbuchhaltung zu geben und dort bearbeiten und kontieren zu lassen, wobei sich dies bei Bar-Kassen dann erübrigt, wenn über ein Kassen-Programm mit parametrierter Kontierung und automatischer Überleitung in die Buchhaltung verfügt wird. Nach meinen Praxiserfahrungen hat es sich bewährt, alle Belege über unterwegs befindliche Zahlungs-Ausgänge einschließlich der Kreditoren-Regulierungen, Gehaltszahlungen usw. ebenfalls über die Debitorenbuchhaltung laufen zu lassen. Damit wird erreicht, dass in einem Arbeitsgang die vollständige Bearbeitung aller bargeldlosen Zahlungsvorgänge erfolgt und gleichzeitig die Vollständigkeit und Richtigkeit der Bank-Salden überprüft ist.

Realisierung von Forderungen. Neben der mit vorstehend beschriebenem Arbeitsablauf verbundenen Kontierung aller Zahlungs-Eingänge und deren Erfassung ist das **Mahnwesen** eine wesentliche Aufgabe der Debitorenbuchhaltung. Hierzu gehört zwangsläufig auch die Feststellung und Umbuchung zweifelhafter Forderungen, die Ermittlung und Vorlage uneinbringlicher Forderungen zur Entscheidung über deren Abschreibung und in diesem Zusammenhang die Aufbereitung der Zahlen für Wertberichtigungen zu Forderungen sowie selbstverständlich das Nachhalten titulierter Außenstände. Das Handelsrecht schreibt vor, dass zweifelhafte Forderungen mit ihrem wahrscheinlichen Wert zu bewerten und uneinbringliche Forderungen abzuschreiben sind. Die getrennt von den übrigen Forderungen auszuweisenden zweifelhaften Forderungen nennt man auch **„Dubiose"**.

Bei den Forderungen an Kunden wird demnach unterschieden in
- einwandfreie,
- zweifelhafte und
- uneinbringliche Forderungen.

Bei der **Abschreibung von Forderungen** wird zwischen direkter Abschreibung, indirekter Abschreibung durch Einzelwertberichtigung und indirekter Abschreibung durch Pauschalwertberichtigung unterschieden.
Bei der **direkten Abschreibung** lautet der Buchungssatz: „Abschreibungen auf Forderungen und Mehrwertsteuer an Zweifelhafte Forderungen".
Bei der **indirekten Abschreibung** wird ein Wertberichtigungsposten gebildet, auch **Delkredere** genannt. Somit lautet hierbei die Buchung: „Abschreibungen auf Forderungen und Mehrwertsteuer an Wertberichtigung auf Forderungen."
Im Gegensatz zu diesen Einzelwertberichtigungen dient die **Pauschalwertberichtigung** dazu, das allgemeine und im Einzelnen unbekannte Ausfallrisiko zu berücksichtigen. Hier lautet der Buchungssatz: „Abschreibungen auf Forderungen an Pauschalwertberichtigung zu Forderungen".

Hinweis: Die hier für die Nebenbuchhaltungen angegebene Organisation und deren Abläufe sind natürlich nur als Beispiel anzusehen. Es kann durchaus in einzelnen Unternehmen eine andere Zuordnung der Aufgaben sinnvoll sein.

6.3.3 Kreditorenbuchhaltung

Der Begriff „Kreditor" steht hier für ein anderes Unternehmen bzw. einen Lieferanten.

> Die originäre Aufgabe der **Kreditorenbuchhaltung** besteht in der kreditorischen Bearbeitung der Eingangsrechnungen und deren Aufbereitung und Erfassung zur Zahlungsfreigabe.

Ferner ist die Kreditorenbuchhaltung für die Prüfung der **rechnerischen Richtigkeit** zuständig (vgl. im Hinblick auf die *sachliche Richtigkeit* die Ausführungen in Kap. 6.1.1: Einkauf).
Auch hier erfolgt die Bearbeitung über Personenkonten im Kontokorrent, wobei in der Regel eine automatische Ausziffierung der Offenen Posten bei Zahlung erfolgt. Die Kreditorenbuchhaltung ist ebenfalls üblicherweise im Programm der Geschäftsbuchhaltung integriert, sodass hier ebenfalls die Veränderungen der Personenkonten automatisch auch auf den Verbindlichkeits-Sachkonten erfolgen. Die Kontierung der Rechnungen beschränkt sich überwiegend auf die kreditorischen Personenkonten. Bezüglich der „Sollkontierung", also der Sachkonten, sei ebenfalls auf die Ausführungen in Kap. 6.1.1 (Einkauf) verwiesen.

Wichtig ist in diesem Bereich die Steuerung und Überwachung der Fälligkeiten zur Ausnutzung von Zahlungszielen und der vorrangigen Inanspruchnahme von **Skonti**. Ein immer wieder gerne angeführtes Beispiel ist der mit dem Skontoabzug verglichene Jahreszinssatz. Die Inanspruchnahme von 3 % Skonto für eine Zahlung 20 Tage vor Fälligkeit entspricht einem effektiven Zins von 54 % nach der einfachen Formel: 20 Tage = 3 %, 360 Tage = ? %. Da lohnt sich jederzeit selbst eine Kreditinanspruchnahme, um die Möglichkeiten der Skontierung von Eingangsrechnungen voll auszunutzen.

Sofern keine Besonderheiten anliegen – wie das beispielsweise in einer Bauphase der Fall sein kann, wenn übermäßig viele Handwerker-Rechnungen anfallen und hierzu auch eine Fortschreibung erbrachter Teilleistungen über Zwischenrechnungen und der damit verbundenen Sicherheits-Einbehalte, ggf. auch die Verwaltung von Gewährleistungsbürgschaften, erfolgt –, ist in der Kreditorenbuchhaltung ein/e Mitarbeiter/in vielfach nicht voll ausgelastet. Es kann nur im einzelnen Unternehmen und nach gegenseitiger Absprache entschieden werden, ob hier eine Teilzeitbeschäftigung möglich und sinnvoll ist, oder ob zusätzliche Aufgaben in die Kreditorenbuchhaltung verlagert werden können. Letzteres ist sicher vorteilhafter, da derartige Positionen aus unterschiedlichen Gründen in der Kernarbeitszeit personell besetzt sein sollten. Insbesondere bietet es sich an, Teilbereiche der Geschäftsbuchhaltung in die Kreditorenbuchhaltung zu verlagern.

6.3.4 Anlagenbuchhaltung

> Die originäre Aufgabe der **Anlagenbuchhaltung** besteht in der Erfassung, Überwachung und Fortschreibung des Anlagevermögens.
> Das Anlagevermögen besteht aus Grundstücken, Gebäuden, technischen Anlagen, Maschinen und Geräten sowie der Betriebs- und Geschäftsausstattung.

Das Nachhalten der einzelnen Anlagegüter erfolgt über vergebene Inventar-Nummern, die in der Regel am Anlagegut angebracht sind und über die auch die Inventar-Verwaltung und die wertmäßige Fortschreibung jedes einzelnen Anlagegutes erfolgt. Im Gegensatz zur Debitoren- und Kreditorenbuchhaltung treffen wir die Anlagenbuchhaltung eher noch als autonomes Verfahren an, das heißt, dass sie häufig nicht in das Programm der Geschäftsbuchhaltung integriert ist, sondern hier bestenfalls die Daten aufbereitet und über eine Schnittstelle in die Geschäftsbuchhaltung übergeleitet werden.

Mir sind aus meiner Praxis hierfür auch noch Verfahren als reine Batchverarbeitung bekannt, während man heute im Rechnungswesen überwiegend doch Dialogverfahren anwendet.

Als besonderes Problem der Anlagenbuchhaltung sei hier noch der **Soll-Ist-Vergleich** erwähnt, der in einigen Unternehmensbereichen gelegentlich gar nicht mehr möglich sein kann – nämlich dann, wenn die Abweichungen von „Soll" laut Anlagenbuchhaltung und „Ist" laut Vorhandensein der Anlagegüter in den Funktionsstellen bzw. auf den Kostenstellen des Unternehmens gravierend groß und teilweise nicht nachvollziehbar sind. Natürlich ist dies ein unvertretbarer Zustand, mit dem man sich nicht abfinden kann und der dringender Abhilfe, ggf. durch vollständige Neu-Aufnahme und Neu-Inventarisierung des gesamten Anlagevermögens und Verbesserung der künftigen Kontrollmöglichkeiten, bedarf. Dieses Problem tritt natürlich nur in großen Unternehmen auf, die über entsprechend viele Anlagegüter verfügen.

Abgesehen von derartigen Pionier-Arbeiten ist u. U. auch in der Anlagenbuchhaltung ein/e Mitarbeiter/in teilweise nicht ausgelastet. Die Tätigkeit besteht im Wesentlichen in der Erfassung neu angeschaffter Anlagegüter, der Vergabe von Inventar-Nummern sowie im Rahmen der Aufbereitung in der Zuordnung ggf. von Finanzierungs-Arten (Finanzierungs-Schlüssel), der Nutzungsdauer oder AfA-Sätze, Anlage-Konten und Kostenstellen und Ermittlung der Anschaffungs- oder Herstellkosten. Neben bezogenen Anlagegütern gilt dies auch für aktivierte Eigenleistungen.

Die Darstellung des gesamten Anlagevermögens nennt man Anlagennachweis oder auch **Anlagespiegel**. In ihm sind alle Anlagegüter mit ihrem Anschaffungsdatum, den Anschaffungskosten, jährlichen und kumulierten Abschreibungen und den sich daraus ergebenden Restbuchwerten erfasst und fortgeschrieben.

Zur Mitarbeiter-Auslastung empfiehlt es sich auch hier, zusätzliche Aufgaben der Geschäftsbuchhaltung in die Anlagenbuchhaltung zu verlagern. Außerdem ist eine gleichzeitige Einarbeitung in den Nebenbuchhaltungen untereinander sinnvoll und zum Teil sehr nützlich, sodass beispielsweise der Mitarbeiter oder die Mitarbeiterin der Anlagenbuchhaltung bei Bedarf auch in der Debitorenbuchhaltung und in der Kreditorenbuchhaltung sowohl einspringen als auch eine eventuell notwendig werdende Vertretung reibungslos übernehmen kann.

6.3.5 Kostenrechnung

Nach den einzelnen Bereichen des Externen Rechnungswesens kommen wir nun zum **Internen Rechnungswesen**, das der Steuerung und Planung des Unternehmens dient. Die Kostenrechnung (auch Kosten- und Leistungsrechnung, KLR) besteht aus den folgenden drei Blöcken:
- Kostenartenrechnung: **Welche** Kosten sind angefallen?
- Kostenstellenrechnung: **Wo** sind Kosten angefallen?
- Kostenträgerrechnung: **Wofür** sind Kosten angefallen?

Kostenartenrechnung

> Unter **Kosten** versteht man den bewerteten Güter- und Leistungsverkehr zur Erstellung von Leistungen.

Mit dieser Definition wird zwischen Kosten und neutralem Aufwand, der nicht der Leistungserstellung dient, abgegrenzt. Die Kostenarten werden in der Geschäfts-

buchhaltung verwaltet, gebucht und mit ihren Werten an die Kostenrechnung weitergegeben bzw. übergeleitet.
Die Hauptgruppen der Kostenarten sind
- **Personalkosten** (z. B. Löhne, Gehälter) und
- **Sachkosten** (z. B. Roh-, Hilfs- und Betriebsstoffe, Energie, Büromaterial, Abgaben).

> Kosten sind nicht gleichzusetzen mit Ausgaben!

Einerseits können Ausgaben für eine andere Periode anfallen und andererseits gibt es Ausgaben, die nicht dem eigentlichen Betriebszweck dienen und somit „neutraler Aufwand" sind. Vorräte und Anlagegüter verursachen zum Beispiel zum Zeitpunkt ihrer Anschaffung Ausgaben, sie stellen zunächst Vermögenswerte dar und werden erst mit ihrem Verbrauch zu Kosten. Neutraler Aufwand sind zum Beispiel betriebsfremde Aufwendungen, periodenfremde Aufwendungen und außerordentliche Aufwendungen, die zwar leistungsbedingt angefallen sein können, aber außergewöhnlich sind. Der neutrale Aufwand ist auch kontenmäßig von den Kosten getrennt.

Nach ihren Auswirkungen und ihrer Zurechenbarkeit auf Kostenstellen und Kostenträger werden verschiedene Kostenbegriffe definiert.

Buchhalterische und kalkulatorische Kosten. Buchhalterische Kosten sind die in der Geschäftsbuchhaltung auf den Kostenartenkonten gebuchten Kosten. Sie stellen gleichzeitig Ausgaben dar. **Kalkulatorische Kosten** sind Zusatzkosten, die keine Ausgaben darstellen. Hierzu gehören kalkulatorische Abschreibungen, kalkulatorische Zinsen, kalkulatorische Wagnisse und kalkulatorischer Unternehmerlohn.

Fixe und variable Kosten. Fixe Kosten sind nicht von der Leistung einer Kostenstelle abhängig, ihre Höhe wird nicht durch Mehr- oder Minderleistung beeinflusst. Die fixen Kosten unterscheiden sich in absolut fixe und sprunghaft fixe Kosten. **Absolut fixe Kosten** werden durch den Ausnutzungsgrad in keiner Weise beeinflusst. Dagegen bleiben **sprungfixe Kosten** nur innerhalb bestimmter Grenzen des Ausnutzungsgrades konstant und steigen bei Überschreitung dieser Grenzen, um dann innerhalb des erreichten Ausnutzungsgrades wieder absolut fix zu sein. Die sprungfixen Kosten sind von besonderer Bedeutung und schon bei der Planung der Auslastung sehr relevant, weil Unterschreitung oder Überschreitung der geplanten Kapazität dazu beitragen, dass sprungfixe Kosten wegfallen oder hinzukommen. Gehälter für die Geschäftsführung oder Mieten sind Beispiele für absolut fixe Kosten. Wird bei Überschreitung des Ausnutzungsgrades zusätzliches Personal eingestellt, wirkt sich dessen Gehalt als sprungfixe Kosten aus.

Im Gegensatz zu fixen Kosten sind **variable Kosten** beschäftigungs- bzw. leistungsabhängig. Verändert sich die Bezugsgröße einer Kostenstelle, so verhalten sich diese Kosten dazu variabel. Ändert sich der Ausnutzungsgrad, ändern sich auch die variablen Kosten. Gelegentlich werden im Sprachgebrauch und auch in manchen Literaturstellen die variablen Kosten mit den „proportionalen" Kosten gleichgesetzt. Dies ist erklärungsbedürftig, denn je nach Veränderung der Ausnutzung können variable Kosten zwar proportional, aber auch überproportional und unterproportional sein.

Gesamtkosten und Einheitskosten. Bei der Unterteilung in fixe und variable Kosten muss auch noch zwischen Gesamtkosten und Einheitskosten unterschieden werden. Die **Gesamtkosten** betreffen das gesamte Unternehmen und hängen somit nicht von den Leistungseinheiten ab. Die **Einheitskosten** sind von der einzelnen „Einheit" (der Leistungseinheit) verursacht.

Einzelkosten und Gemeinkosten. Einzelkosten sind Kosten, die verursachungsgerecht direkt zugeordnet werden können. **Gemeinkosten** stehen nicht in unmittelbarer Beziehung zur Leistungsart und lassen sich somit dem Kostenträger nicht direkt zuordnen. Teilweise lassen sie sich einer Kostenträgergruppe oder auch einer Kostenstelle zuordnen, ohne jedoch dem einzelnen Kostenträger problemlos zurechenbar zu sein. Ein Teil der Gemeinkosten lässt sich direkt nur dem gesamten Unternehmen zuordnen und kann nur indirekt durch Schlüsselung verteilt werden.

Man unterscheidet weiterhin zwischen echten und unechten Gemeinkosten. **Unechte Gemeinkosten** sind zwar für eine bestimmte Leistungseinheit angefallen, können jedoch wegen fehlender Messbarkeit oder zumindest deren Unzumutbarkeit dem einzelnen Kostenträger nicht zugerechnet werden. Die Zuordnung von Energie wäre z. B. theoretisch möglich (daher unechte Gemeinkosten) – Kosten der Pforte oder der Geschäftsleitung hingegen lassen sich weder auf Kostenstellen noch auf Kostenträger unmittelbar zurechnen, sie sind daher **echte Gemeinkosten**.

Grenzkosten. Die Grenzkosten gehören zu einem der wichtigsten Dispositionsinstrumente und sind ein bedeutender Faktor von Kalkulation und Wirtschaftlichkeit. Grenzkosten stellen die Kosten dar, die bei Erweiterung oder Verminderung der Produktion um eine Schicht entstehen oder wegfallen. Andersherum gesagt: Es handelt sich um Kosten, die nicht entstehen, wenn eine neue Schicht nicht produziert wird. Die so ermittelten Kosten werden den durch die Leistungsveränderung erzielten Erträgen gegenübergestellt, woraus sich das „Grenzergebnis" ergibt. Der Sinn der Grenzkostenrechnung liegt darin, ggf. durch Veränderung des Leistungsumfanges zu einer besseren Ausnutzung der Kapazität zu kommen. Solange das Grenzergebnis positiv ist, werden damit zusätzliche Deckungsbeiträge zur Finanzierung der Fixkosten oder sogar zur Gewinnzielung erwirtschaftet.

Primäre Kosten und sekundäre Kosten. Als **primäre Kosten** bezeichnet man die von außen bezogenen Kosten, also Fremdleistungen, Material usw. Von **sekundären Kosten** spricht man bei der innerbetrieblichen Leistungserstellung (Eigenleistungen). Es handelt sich also um Kosten, die im eigenen Unternehmen entstehen.

Kostenstellenrechnung

Zur Klärung der Frage: „**Wo** sind die Kosten angefallen?", werden die Kosten im Betrieb verschiedenen Stellen zugeordnet. Die Kostenstellenrechnung stellt somit die Verbindung zwischen Kostenarten- und Kostenträgerrechnung her.

Eine Aufstellung, in der die Kostenarten auf die einzelnen Kostenstellen verteilt werden, bezeichnet man als **Betriebsabrechnungsbogen (BAB)**. Der BAB übernimmt die Zahlen aus den Kostenarten der Buchhaltung und stellt der Kalkulation (Kap. 6.3.6) die ermittelten Zuschlagssätze zur Verfügung.

Kostenträgerrechnung

In der Kostenträgerrechnung soll ermittelt werden, **wofür** die Kosten angefallen sind. Sie baut unmittelbar auf die Kostenarten- und Kostenstellenrechnung auf.

> Als **Kostenträger** bezeichnet man ein Produkt oder eine Dienstleitung eines Betriebes, die Kosten verursacht.

Während es sich bei der „Kalkulation" (Kap. 6.3.6) um die sogenannte Kostenträgerstückrechnung handelt, ist die sogenannte **Kostenträgerzeitrechnung** eine **kurzfristige Erfolgsrechnung**. Sie wird in der Regel monatlich durchgeführt und ist aus der Erkenntnis entstanden, dass der Zeitraum von einem Geschäftsjahr viel zu lang ist, um die Wirtschaftlichkeit zu beurteilen und ein Unternehmen erfolgsorientiert zu führen. Die kurzfristige Erfolgsrechnung dient wie die jährliche Gewinn- und Verlustrechnung der Ermittlung des Betriebsergebnisses. Ein wesentlicher Unterschied zur Gewinn- und Verlustrechnung besteht darin, dass es in der kurzfristigen Erfolgsrechnung um Kosten und Erlöse geht und somit keine betriebsfremden und außerordentlichen Posten berücksichtigt werden. Stattdessen werden in die kurzfristige Erfolgsrechnung die kalkulatorischen Kosten einbezogen.

Zur Problematik der Kostenschlüsselung

Das Problem der Kostenschlüsselung teilt sich in drei Einzelpunkte:
- Verteilung der Gemeinkosten auf die Kostenstellen,
- Umlage der Hilfskostenstellen auf die Hauptkostenstellen,
- Zurechnung der Hauptkostenstellen-Kosten auf Kostenträger.

Eine völlig zufriedenstellende Lösung der genannten Probleme ist nicht möglich, da jede Aufschlüsselung echter Gemeinkosten im Grunde „falsch" ist. Auch die Umlage von Hilfs- und Nebenkostenstellen auf die Hauptkostenstellen lässt sich nicht exakt verursachungsgerecht durchführen, und schließlich ist eine verursachungsgerechte Zuordnung der echten Gemeinkosten auf die Kostenträger nicht möglich. Die echten Gemeinkosten sind zu einem großen Teil fixe Kosten und stehen in keinem ursächlichen Zusammenhang zur einzelnen Leistung und Leistungsart bzw. zum hergestellten Produkt. Steigt die Leistungsmenge, wäre der Anteil der fixen Kosten zu hoch – sinkt sie, wäre er zu niedrig. Da die sogenannte

Vollkostenrechnung eine Trennung in variable und fixe Kosten nicht vornimmt, wird dies nicht erkannt, was zu einer falschen Interpretation führt.

> Als **Vollkostenrechnung** wird ein System der Kostenrechnung bezeichnet, bei dem – im Gegensatz zur Teilkostenrechnung (Kap. 6.3.6) – alle in der betrachteten Periode angefallenen Kosten auf die Kostenträger verteilt werden.

Hiermit sei nicht behauptet, dass die Vollkostenrechnung ihren Zweck nicht erfüllen würde und somit grundsätzlich abzulehnen sei. Die gesamte Leistungserbringung muss über den Preis die gesamten Kosten decken, da das Unternehmen andernfalls mit Verlusten arbeiten würde. Ob variabel oder fix, ob Einzel- oder Gemeinkosten – alle Kosten müssen über die Preise refinanziert werden und wieder zurückfließen. Das Problem liegt vielmehr darin, dass die Vollkostenrechnung alleine nicht ausreicht, Preise exakt zu kalkulieren und die nötigen Informationen zu erhalten, um das Unternehmen zu steuern und die Wirtschaftlichkeit zu analysieren.

Wenn man von einer „verursachungsgerechten" Gemeinkostenverteilung spricht, so muss man dem entgegenhalten, dass es eine solche nicht gibt. Wir können also nur im Rahmen einer Vollkostenrechnung den Standpunkt vertreten: Die Kosten sind angefallen, also müssen auch die Kostenstellen und Kostenträger einen Teil davon tragen. Wenn dies schon nicht „verursachungsgerecht" möglich ist, müssen wir nach einer „angemessenen" Verteilung suchen. Dazu bedient man sich sogenannter **Schlüsselgrößen**, um die Gemeinkosten möglichst angemessen aufzuschlüsseln bzw. auf Kostenstellen und Kostenträger umzulegen oder zu verteilen.

In meiner langjährigen Berufspraxis habe ich es leider teilweise erleben müssen, dass es mit Kostenstellen-Verantwortlichen kaum lange Auseinandersetzungen darüber gab, ob die Gemeinkostenverteilung angemessen war oder nicht. – Ich möchte daher ausdrücklich auf die Wichtigkeit von Kostenstellen-Verantwortlichen und deren Sensibilisierung für die Wirtschaftlichkeit von Kostenstellen hinweisen.

Plankostenrechnung
Nachdem in den bisherigen Erläuterungen und Ausführungen zur Kostenrechnung von Istkosten die Rede war, spielen auch die sogenannten **Plankosten** für die Gesamtplanung eines Unternehmens eine große Rolle.

> **Plankosten** sind die im Rahmen einer Vorausschaurechnung (Plankostenrechnung) ermittelten Kosten künftiger Abrechnungsperioden.

Man spricht auch vom „Budget" bzw. von der **Budgetkostenrechnung**. Eine sehr wichtige Einflusskomponente für die Plankostenrechnung ist der **Beschäftigungsgrad** bzw. dessen Schwankungen. Deshalb werden vielfach die Plankosten auf unterschiedliche Beschäftigungsgrade ermittelt.

> Als **Beschäftigungsgrad** bezeichnet man das Verhältnis der tatsächlichen Erzeugung oder Leistung eines Betriebes zur möglichen Erzeugung oder Leistung.

Die Unvermeidbarkeit fixer Kosten führt zwar zu dem Wunsch einer hohen Kapazitätsauslastung, wobei ein Beschäftigungsgrad von 100% nicht immer angestrebt wird, da dadurch die Kosten progressiv steigen können und sich dies unwirtschaftlich auswirkt. Die Plankosten werden den tatsächlich eingetretenen Kosten gegenübergestellt. Der **Soll-Ist-Vergleich** bzw. die **Kostenanalyse** gibt wichtige Informationen über Schwankungen, Kostenverhalten und Wirtschaftlichkeit. Die Abweichung der Istkosten von den Plankosten einer Periode nennt man **Verbrauchsabweichung** oder auch **Wirtschaftlichkeitsabweichung**.

Eine klare Abgrenzung der Kostenstellen und die Einbeziehung der Kostenstellen-Verantwortlichen sind auch beim Soll-Ist-Vergleich sehr wichtig. Deshalb sollten die Kostenstellen-Verantwortlichen in die Festlegung der Plankosten einbezogen werden, damit sie sich für die Einhaltung der Planwerte ihrer Kostenstelle mit verantwortlich fühlen!

6.3.6 Kalkulation

> Die Kalkulation hat die Aufgabe, die **Stückkosten** der für den Absatz bestimmten Produkte oder Dienstleistungen zu ermitteln. Man spricht deshalb auch von der **Kostenträgerstückrechnung**.

(Zur Kostenträgerzeitrechnung vgl. Kap. 6.3.5.)

Divisionskalkulation
Wenn ein Unternehmen nur einen Kostenträger hat, also nur ein Produkt herstellt, dann stellt es die Kalkulation vor keine besonders schwierige Aufgabe. Man dividiert die Gesamtkosten durch die Stückzahl der erbrachten Leistungen, und schon hat man die Stück-Selbstkosten. Das ist also die einfache Form der **Divisionskalkulation**.

Zuschlagskalkulation
Hat das Unternehmen mehrere Kostenträger, was in der Regel der Fall ist, setzt sich hier das in Kap. 6.3.5 dikutierte Problem aus der Kostenstellenrechnung fort, das in der Zurechnung der Gemeinkosten besteht. Aus den Kosten, die im Zusammenhang mit der Produktion anfallen, werden die **Herstellkosten** ermittelt. Herstellkosten zuzüglich Verwaltungs- und Vertriebskosten ergeben die **Selbstkosten**. Die kalkulierten Stückkosten sind die Ausgangsbasis für den zu erzielenden Marktpreis und gehören somit zu den wichtigsten Indikatoren der Wirtschaftlichkeit des Unternehmens.

Werden mehrere veschiedene Kostenträger hergestellt, wendet man zur Berücksichtigung der Gemeinkosten die sogenannte **Zuschlagskalkulation** an. Während sich Einzelkosten und Sondereinzelkosten den Kostenträgern zurechnen lassen, werden für die Gemeinkosten Zuschlagssätze gebildet, nach denen diese auf die Kostenträger verteilt werden. Als Bezugsgrößen hierfür dienen zum Beispiel der Lohn, das Material, Fertigungszeiten, die Summe der Einzelkosten, Maschinenstunden usw.

Schema einer Zuschlagskalkulation

Materialeinzelkosten	
+ Materialgemeinkosten	= Materialkosten
Fertigungslöhne	
+ Fertigungsgemeinkosten	
+ Sonderkosten der Fertigung	= Fertigungskosten
	= **Herstellkosten**
	+ Verwaltungsgemeinkosten
	+ Vertriebsgemeinkosten
	+ Sonderkosten des Vertriebs
	= **Selbstkosten**

Vollkostenrechnung und Teilkostenrechnung

In ihrem Ursprung kennt die **Vollkostenrechnung** (vgl. Kap. 6.3.5) keine Unterscheidung zwischen fixen und variablen Kosten, sondern lediglich die Differenzierung nach der Kostenzurechenbarkeit auf die Kostenträger, also die Unterscheidung zwischen Einzelkosten und Gemeinkosten. Die Fixkosten stellen jedoch das Problem jeder Kostenrechnung und jeder Kalkulation dar. Im Gegensatz zu anderen Kostenrechnungsverfahren werden bei der Vollkostenrechnung sämtliche Kosten auf die Kostenträger verteilt. Somit ist es von Bedeutung, ob in einer Kostenstelle lediglich eine Leistungsart anfällt oder mehrere, da davon die Entscheidung abhängt, ob eine Divisionskalkulation möglich ist oder nicht. Die Divisionskalkulation ist natürlich die einfachste Art der Kalkulation, da sämtliche Kosten durch die Anzahl der erbrachten Leistungen dividiert werden können. Unterschiedliche Leistungsarten machen jedoch eine Zuschlagskalkulation erforderlich. Hierbei geht es darum, jedem Kostenträger die Kosten verursachungsgerecht zuzuordnen. Dabei ergibt sich das besondere Problem der Gemeinkosten, da diese verursachungsgerecht nicht direkt zugeordnet werden können. Dies trifft nicht nur auf den einzelnen Kostenträger, sondern auch auf Kostenträgergruppen zu. Ohne Schlüsselung mit allen damit verbundenen Ungenauigkeiten können die Gemeinkosten weder der Leistungsart noch dem einzelnen Fall zugeordnet werden. Hier liegt eines der Hauptprobleme der Kostenrechnung im Allgemeinen und der Vollkostenrechnung im Speziellen (vgl. Kap. 6.3.5).

Die **Teilkostenrechnung** geht in ihrer Logik und Zielsetzung davon aus, dass fixe und variable Kosten differenziert behandelt und in Beziehung zur erbrachten Leistungseinheit gebracht werden. Erst so ist eine zuverlässige Kontrolle und Beurteilung der Wirtschaftlichkeit möglich. Wenn wir heute von neuzeitlichen Kalkulationsverfahren sprechen, so sind dies überwiegend Formen der Teilkostenrechnung.

Einige Leser wird es vielleicht überraschen, dass hierzu auch das Direct Costing und die Fixkostendeckungsrechnung zählen (siehe unten) und dass es sich bei allen Formen der Teilkostenrechnung um Deckungsbeitragsrechnungen handelt.

Deckungsbeitragsrechnungen

> Der **Deckungsbeitrag** eines Kostenträgers entspricht der Differenz zwischen dem Erlös und den direkt zurechenbaren Kosten.

Die Trennung in variable und fixe Kosten hat unter anderem die Auswirkung, dass eine Veränderung der Leistungsmenge nicht mehr dazu führt, dass die kalkulierten Selbstkosten pro Leistungseinheit durch enthaltene Fixkosten zu hoch oder zu niedrig berücksichtigt sind. Subtrahieren wir von den Erlösen die direkten Kosten, erhalten wir den Deckungsbeitrag, der zur Deckung der fixen Kosten erwirtschaftet wurde und zur Verfügung steht.

Bei der **Grenzkostenrechnung**, auch **Direct Costing** genannt, verteilt man nur die Einzelkosten und die variablen Gemeinkosten auf die Kostenträger. Die direkt zurechenbaren Einzelkosten und mengenabhängigen Gemeinkosten werden zunächst von den Erlösen abgezogen. Das ergibt den Deckungsbeitrag, von dem dann die nicht verrechneten Fixkosten abgezogen werden.

Der Grundgedanke der **Deckungsbeitragsrechnung** ist der, dass ein Teil der Kosten nicht wirklich zurechenbar ist und man deshalb den „Beitrag" jedes Kostenträgers ermittelt, der zur Deckung dieser nicht zurechenbaren Kosten beiträgt.

Ich erinnere mich an Diskussionen über die Frage: Vollkostenrechnung oder Deckungsbeitragsrechnung? Das hat mich schon vor vielen Jahren zu einem Beitrag in einer Wirtschaftsfachzeitschrift veranlasst, dass beide Verfahren ihre Existenzberechtigung haben und man sie nach den Bedürfnissen und Gegebenheiten kombinieren sollte, anstatt diese Entweder-oder-Frage zu stellen.

Es kann durchaus vorkommen, dass Kostenträger bei der Vollkostenrechnung keinen Gewinn erwirtschaften und trotzdem die höchste Fixkostendeckung haben. Solange Erträge höher sind als die variablen Kosten, können damit zusätzliche Deckungsbeiträge erzielt und das Gesamtergebnis des Unternehmens verbessert werden. Um diese Aussagekraft zu erlangen, spricht vieles dafür, auf Kostenträgerebene einen Deckungsbeitrag I zu ermitteln, der sich aus der Differenz zwischen Erlösen und variablen Kosten ergibt, und erst danach die fixen Kosten zur Bildung eines Deckungsbeitrages II folgen zu lassen:

	Kostenträger-Erlös
./.	variable Kosten
=	Deckungsbeitrag I
./.	fixe Kosten
=	Deckungsbeitrag II

Wir sehen an diesem Beispiel, dass es nicht darum geht, im Sinne der Vollkostenrechnung möglichst alle Kosten auf Kostenträger zu verteilen, sondern eine höchstmögliche Aussage über die Wirtschaftlichkeit zu erlangen. Dies erreichen wir über die einzelnen Formen der Deckungsbeitragsrechnung, die, wie im vorstehenden Beispiel, eine unverfälschte Aussage darüber trifft, wie der einzelne Kostenträger zur Deckung der nicht leistungsabhängigen Kosten beiträgt. So verfährt man auch bei der Ermittlung von Deckungsbeiträgen für Kostenträger-Gruppen. Hier kommt ein dritter Deckungsbeitrag für die Gruppe hinzu:

      Erlöse Kostenträger-Gruppe
./. Einzelkosten
= Deckungsbeitrag I
./. Kostenträger-Fixkosten
= Deckungsbeitrag II
./. Kostenträger-Gruppen-Fixkosten
= Deckungsbeitrag III

Diese Darstellung lässt sich fortsetzen bis zur Erfolgsrechnung von Bereichen oder Kostenträger-Hauptgruppen:

./. Kostenstellen-Fixkosten
= Deckungsbeitrag IV
./. Kostenstellenbereich-Fixkosten
= Deckungsbeitrag V
./. Hauptgruppen-Fixkosten
= **Netto-Ergebnis Hauptgruppe**

Entscheidend ist bei der Deckungsbeitragsrechnung, dass je Stufe immer nur die jeweils zurechenbaren Kosten abgezogen werden, sodass die Deckungsbeiträge je Stufe die Aussage treffen, in welcher Höhe sie zur Deckung der verbleibenden Kosten beitragen.
Wird diese Erfolgsrechnung für das gesamte Unternehmen durchgeführt, würde der letzte Deckungsbeitrag zur Deckung der nicht zurechenbaren Gemeinkosten bereitstehen:

      (letzter) Deckungsbeitrag
./. nicht zurechenbare Gemeinkosten Unternehmen
= **Netto-Ergebnis des Unternehmens**

Die oben dargestellten Beispiele entsprechen einer **Fixkostendeckungsrechnung**.

Der Fixkostendeckungsrechnung vergleichbar ist, wie schon erwähnt, die **Grenzkostenrechnung (Direct Costing)**. Auch hier werden zur Ermittlung des Deckungsbeitrages nur die durch den Kostenträger verursachten Kosten von den Erlösen abgezogen. Die Grenzkostenrechnung unterteilt nicht in Einzel- und Gemeinkosten, sondern in variable und fixe Kosten, wobei als „verursachte" Kosten des

Kostenträgers die variablen Kosten gelten. Insofern hätten wir das gleiche Bild, wie schon oben bei der Fixkostendeckungsrechnung:

    Erlöse
./. variable Kosten
= Deckungsbeitrag
./. fixe Kosten
= **Netto-Erfolg**

Der Nachteil des Direct Costing ist die Gleichbehandlung aller Fixkosten, sodass auf jeden Fall die Fixkostendeckungsrechnung vorzuziehen ist. Die Fixkostendeckungsrechnung deckt sowohl die Vollkostenrechnung als auch ein „mehrstufiges" Direct Costing ab, wie wir an vorstehenden Beispielen gesehen haben. Durch die stufenweise Zuordnung von Fixkosten wird die Kosten-Struktur der Kostenträger sichtbar. Zur Beurteilung und Steuerung ist dies von entscheidender Bedeutung. Zur Anwendung der Fixkostendeckungsrechnung müssen Stufenkosten (Tab. 6.2) verfügbar sein, die bei der Installation der Kosten- und Leistungsrechnung berücksichtigt werden.

Tab. 6.2 Stufenkosten zur Anwendung der Fixkostendeckungsrechnung

Kostenstufen	Kosten	
1. Kostenträger-Kosten	a) variable Kosten	b) fixe Kosten
2. Kostenträger-Gruppen-Kosten	a) variable Kosten	b) fixe Kosten
3. Kostenstellen-Kosten	a) variable Kosten	b) fixe Kosten
4. Bereichs-Kosten	a) variable Kosten	b) fixe Kosten
5. Unternehmens-Kosten	a) variable Kosten	b) fixe Kosten

Dies ist ein Grund-Schema, das natürlich nicht verbindlich ist. Wo es sinnvoll erscheint, können auch mehr als fünf Stufen vorgesehen werden. Ebenso wäre es denkbar, den Kostenträger-Gruppen-Kosten gleich die Unternehmens-Kosten folgen zu lassen und somit nur drei Stufen vorzusehen. Die Entscheidung sollte davon abhängen, wie ausgebaut das Verfahren ist und welchen Aussagewert die einzelnen Deckungsbeiträge zur optimalen Analyse und Steuerung des Unternehmens haben.

Wenn alle Fixkosten zusammen ausgewiesen werden, spricht man von einer **einstufigen Deckungsbeitragsrechnung**, während es sich bei der Fixkostendeckungsrechnung um eine **mehrstufige Deckungsbeitragsrechnung** handelt.

Break-Even-Analyse
Die getrennte Erfassung von variablen und fixen Kosten macht es möglich, eine sogenannte Break-Even-Analyse durchzuführen.

> Unter dem **Break-Even-Point** versteht man den Punkt, an dem man aus der Verlustzone in die Gewinnzone gelangt.

Oder anders ausgedrückt: Wenn man die kumulierten Deckungsbeiträge der verkauften Erzeugnisse dem Fixkostenblock gegenüberstellt, erreicht man bei Überschreiten der Verlustzone in die Gewinnzone den Break-Even-Point.

Ich hatte in Kap. 6.2.5 die nette Art erwähnt, der Belegschaft bei Überschreiten des Break-Even-Points anhand der Auftragseingänge Kaffee und Kuchen zu spendieren – worin ich übrigens auch einen Motivationseffekt sehe, mit dem das Wir-Gefühl der Mitarbeiter gefördert werden kann.

Die Kenntnis über die Deckungsbeiträge der einzelnen Produkte und Erzeugnisse, die ein Unternehmen vertreibt, ist auch verkaufsstrategisch und werbemäßig von großer Bedeutung. So werden Artikel mit einem hohen Deckungsbeitrag durch verschiedene Maßnahmen forciert, was zum Beispiel auch durch eine höhere Provisionsstaffelung im Außendienst oder auch bei Rabatten als Anreiz angeboten wird. Die Break-Even-Analyse ist eine Form der Erfolgsplanung, deren Darstellung häufig als Diagramm erfolgt. Bei einer produktweisen Break-Even-Analyse wird je gefertigtem Erzeugnis die Produktionsmenge ermittelt, bei der die Gewinnschwelle erreicht wird.

6.3.7 Statistik

Vielleicht finden Sie heraus, auf welcher Basis eine Statistik zustande kommen könnte, nach der jeder Mensch im Durchschnitt 6,33 Beine hätte. Dass jede deutsche Frau durchschnittlich 1,36 Kinder hat, wurde im Rahmen der OECD-Ermittlungen im Jahr 2011 veröffentlicht. – Ich wünsche Ihnen, liebe/r Leser/in, dass Sie nicht der oder die hinter dem Komma sind!

> **Statistik** wird als ein Verfahren definiert, nach dem empirische Zahlen gewonnen, dargestellt, verarbeitet, analysiert und für Schlussfolgerungen, Prognosen und Entscheidungen verwendet werden.

Von den vielfältigen Arten und Möglichkeiten statistischer Erhebungen interessiert uns hier lediglich die **Betriebsstatistik**. Das ist der Teil der Statistik, der auf den den Betrieb betreffenden Gebieten wie Buchhaltung, Kostenrechnung, Kalkulation, Budget, Finanzen, Beschaffung, Absatz usw. Anwendung findet, wenn durch Gruppenbildung, Berechnung von Verhältniszahlen oder Mittelwerten ein Überblick geschaffen werden soll.
Auch eine betriebswirtschaftliche Statistik muss wirtschaftlich sein. Das heißt, dass der Aufwand, der mit der Ermittlung des Zahlenmaterials betrieben wird, die Aussagekraft und die Bedeutung der Statistik als Steuerungsinstrument rechtfertigen muss. Hier kommt uns natürlich der Einsatz der EDV sehr entgegen, da die

Daten ohne großartige Doppelerfassung nach verschiedenen Kriterien aufbereitet, sortiert und verarbeitet werden können.

Die Statistik soll erforderliches Zahlenmaterial zur Disposition und Kontrolle der Abläufe und zur Unternehmenssteuerung zur Verfügung stellen. Dabei werden sowohl innerbetriebliche Zahlen (z. B. in großem Umfang aus der Buchhaltung), aber auch außerbetriebliche Daten wie Markt- und Preisentwicklung abgeglichen und ausgewertet. Einer übersichtlichen Darstellung dienen neben Zahlenreihen und Tabellen auch entsprechende Schaubilder und graphische Darstellungen.

Aufgaben der Betriebsstatistik
- Wirtschaftlichkeitskontrolle,
- Produktivitätskontrolle,
- Rentabilitätskontrolle,
- Unterstützung im Controlling,
- Entscheidungshilfe bei der Betriebsplanung,
- Entscheidungshilfe bei der Unternehmensplanung,
- Unternehmenssteuerung.

Statistiken werden sowohl im Soll-Ist-Vergleich, als auch im Periodenvergleich erstellt und ausgewertet, beispielsweise nach folgenden Kriterien:
- im **Beschaffungsbereich** nach Anfragen, Angeboten, Bestellungen usw.,
- im **Lagerbereich** nach Beständen, Lagerumschlag, Bewegungen usw.,
- im **Produktionsbereich** nach Materialeinsatz, Fertigungskosten, Produktionszeiten usw.,
- im **Absatzbereich** nach Abnehmern, Erlösen, Umsatz, Produkten, Außendienst, Werbung, Kundendienst, Vertriebskosten usw.,
- im **Personalbereich** nach Belegschaft und deren Struktur, nach Löhnen und Gehältern, nach Sozialleistungen, Arbeits- und Fehlzeiten, Urlaub, Fluktuation usw.,
- im **Finanzbereich** nach Geldbewegungen, Finanzbedarf, Krediten, Tilgungen usw.
- im **Bereich des Rechnungswesens** nach Kostenarten, Kostenstellen, betrieblichen Kennziffern, Bilanzanalyse, Betriebsvergleichen usw.

Diese Aufstellung ließe sich je nach den Bedürfnissen einzelner Betriebe fast beliebig fortsetzen. Wichtig ist, dass die Betriebsstatistik keinen Eigenzweck erfüllt. Sie ist nur dann sinnvoll, wenn damit ein tatsächlich vorhandener Informationsbedarf auf anschauliche Weise abgedeckt wird.

Und eins noch zum Schluss: Zu den größten Lügengebilden der Welt gehören vermutlich Statistiken – man kann sie frisieren, man kann sie schönen, man kann sie manipulieren! Wenn die Statistik unternehmerischen Zielen dienen soll, ist sie nur dann brauchbar und empfehlenswert, wenn sie den Grundsätzen der Wahrheit und Klarheit entspricht.

6.3.8 Finanzplanung

Unter **Finanzierung** versteht man die Kapitalbeschaffung. Sie kann erfolgen
- durch **Selbstfinanzierung** (z. B. aus erwirtschafteten Gewinnen, durch Eigenfinanzierung und Einlage der Eigentümer) oder
- durch **Fremdfinanzierung**, indem kurzfristiges oder langfristiges Fremdkapital aufgenommen wird.

Während für die kurzfristigen Betriebszwecke in der Regel Bankkredite in Anspruch genommen werden, wird langfristiges Kapital (insbes. auch zu Anlagezwecken) eher durch Darlehen und Hypotheken als Gläubigerkapital oder von Anteilseignern, z. B. durch die Ausgabe von Aktien bei Aktiengesellschaften, also durch Beteiligungskapital, beschafft.

Damit sind auch bereits zwei unterschiedliche Zielsetzungen der Finanzierung deutlich geworden. Im Wesentlichen ist dabei zu unterscheiden zwischen
- zweckgebundener Finanzierung und
- laufender Finanzierung.

Für eine **zweckgebundene Finanzierung** kann es viele Ursachen geben. Darunter fallen nicht zuletzt auch die Gründung, Kapitalerhöhung oder Sanierung eines Unternehmens. Ebenso die Konsolidierung, also z. B. die Änderung der Kapitalstruktur des Unternehmens durch Umfinanzierung, oder auch die Fusion von Unternehmungen. Auch bei benötigten Mitteln im Rahmen einer Rationalisierung handelt es sich um eine zweckgebundene Finanzierung und schließlich auch bei Baumaßnahmen oder Anlagenerweiterungen und Anlagenerneuerungen.

Die **laufende Finanzierung** hingegen dient der ständigen Zahlungsbereitschaft des Unternehmens. Es ist Aufgabe einer vernünftigen und unternehmerischen Finanzpolitik, unter ständiger Überwachung der Kapitalbewegungen die ständige Zahlungsbereitschaft sicherzustellen sowie das Kapital für einen reibungslosen wirtschaftlichen Betriebsablauf bereitzustellen.

Zur **Beurteilung von Liquidität und Rentabilität** bedient man sich, insbesondere auch im Periodenvergleich, **betrieblicher Kennziffern**. So wird beispielsweise der Grad der finanziellen Abhängigkeit wie folgt ermittelt:

$$\frac{Eigenkapital\ 79\,000,-}{Gesamtkapital\ 106\,000,-} = 0{,}745\ Grad\ der\ finanziellen\ Abhängigkeit$$

Ein Grad der finanziellen Abhängigkeit von 0,745 besagt, dass der Eigenkapitalanteil 74,5 % beträgt.

Analog dazu ermittelt man den Grad der Verschuldung wie folgt:

$$\frac{Fremdkapital\ 27\,000,-}{Gesamtkapital\ 106\,000,-} = 0{,}255\ Grad\ der\ Verschuldung$$

Im Bereich der Investierung sind die Kennziffern „Deckungsgrad der Sachanlagen durch Eigenkapital" und „Sicherung der kurzfristigen Schulden" von besonderer Bedeutung:

$$\frac{Eigenkapital\ 79\,000,-}{Sachanlagen\ 80\,000,-} = 0{,}988\ \textit{Deckungsgrad der Sachanlagen durch Eigenkapital}$$

Die Sachanlagen sind in obigem Beispiel somit mit 98,8 % durch Eigenkapital abgedeckt. Es hat sich der Ausdruck **„goldene Bilanzregel"** etabliert, nach der die Sachanlagen zu 100 % mit Eigenkapital finanziert sein sollten. Der Deckungsgrad der Sachanlagen sollte also mindestens 1,0 sein, da das Anlagevermögen ständig dem Betrieb zu dienen hat. Mit 0,988 ist jedoch in unserem Beispiel die Unterschreitung dieser goldenen Regel relativ gering und kaum als kritisch zu betrachten.

$$\frac{Umlaufvermögen\ 26\,000,-}{Kurzfristiges\ Fremdkapital\ 21\,000,-} = 1{,}238\ \textit{Sicherung der kurzfristigen Schulden}$$

Die kurzfristigen Verbindlichkeiten sind mit 123,8 % durch Umlaufvermögen abgedeckt. Insgesamt wäre die Investierung in diesem Beispiel als gut zu bezeichnen.

Von den Strukturkennziffern seien hier der Grad der gewährten Kredite und die Kennziffer für den Anteil liquider Mittel am Umlaufvermögen erwähnt:

$$\frac{Forderungen\ 19\,000,-}{Umlaufvermögen\ 26\,000,-} = 0{,}731\ \textit{Grad der gewährten Kredite}$$

Mit dem Grad der gewährten Kredite ist der Anteil der vorfinanzierten Forderungen am Umlaufvermögen gemeint. Er beträgt hier in diesem Beispiel 73,1 %.

$$\frac{Liquide\ Mittel\ 2\,000,-}{Umlaufvermögen\ 26\,000,-} = 0{,}077\ \textit{Anteil liquider Mittel}$$

Der Anteil der Geldmittel am Umlaufvermögen beträgt in obigem Beispiel demnach 7,7 %. Dieser Anteil ist sehr gering, da somit über mehr als 90 % des Umlaufvermögens nicht sofort verfügt werden kann.

Von besonderem Interesse im Rahmen der Finanzplanung und Überwachung sind natürlich die betrieblichen Kennziffern der Liquidität:

$$\frac{Liquide\ Mittel\ 21\,000,-}{Kurzfristige\ Verbindlichkeiten\ 12\,000,-} = 1{,}750\ \textit{Grad der Zahlungsbereitschaft}$$

Der Grad der Zahlungsbereitschaft besagt, wie die kurzfristigen Verbindlichkeiten durch liquide Mittel gedeckt sind. In diesem Fall mit 175,0 %. Die liquiden Mittel reichen in diesem Beispiel somit völlig aus, die kurzfristigen Verbindlichkeiten zu bezahlen.

$$\frac{Forderungen\ aus\ Lieferungen\ und\ Leistungen\ 18\,000,-}{Verbindlichkeiten\ aus\ Lieferungen\ und\ Leistungen\ 5\,000,-} = 3{,}600\ \textit{Finanzdispositionsmaßstab}$$

Der Finanzdispositionsmaßstab besagt, in welcher Höhe die Verbindlichkeiten aus Lieferungen und Leistungen durch Forderungen aus Lieferungen und Leistungen gedeckt sind. Das sind in obigem Beispiel 360 %. Hierfür kann es keine Faustformel für „gut" oder „nicht gut" geben. Der Finanzdispositionsmaßstab ist im Zusammenhang mit dem Grad der Zahlungsbereitschaft zu sehen. Grundsätzlich wird eine Kennziffer von über 1,000 erstrebenswert sein, wobei es zu einer vernünftigen Finanzdisposition gehört, die Forderungen möglichst schnell zu realisieren und bei den Verbindlichkeiten wegen der hohen Verzinsung darauf zu achten, möglichst unter Abzug von Skonto zu bezahlen, ansonsten jedoch maximale Zahlungsziele in Anspruch zu nehmen. Insofern lässt sich diese Kennziffer durch entsprechende Disposition beeinflussen.

Eine weitere Kennziffer der Liquidität ist der Maßstab der Kreditreserve. Dieser wird durch folgenden Ansatz ermittelt, für den wir in diesem Beispiel keine Zahlenwerte vorgegeben haben:

$$\frac{\text{Verbindlichkeiten an die Bank}}{\text{Kreditlinie}} = \text{Maßstab der Kreditreserve}$$

Der Maßstab der Kreditreserve sagt aus, zu welchem Anteil die Kreditlinie in Anspruch genommen ist.

Wie wir an den betrieblichen Kennziffern sehen, spielt bei der Finanzierung das Verhältnis zwischen liquiden Mitteln und finanziellen Verpflichtungen eine große Rolle. Simpel ausgedrückt ist es beruhigend, wenn die liquiden Mittel und die Zahlungseingänge ausreichen, den Zahlungsverpflichtungen nachzukommen. Um diese erforderliche Deckung zu planen und zu überwachen, unterscheidet man in der Regel drei Deckungsgrade. Dies lässt sich als **Liquiditätsstatus** darstellen.

Beispiel Liquiditätsstatus

	Kassenbestand
+	Bankguthaben
+	Besitzwechsel
./.	kurzfristige Verbindlichkeiten
=	**Liquidität 1. Grades**
+	Debitoren
+	Vorräte
./.	Darlehen
=	**Liquidität 2. Grades**
+	Anlagevermögen
./.	Hypotheken
=	**Liquidität 3. Grades**

Die Liquidität 3. Grades entspricht dem ausgewiesenen Eigenkapital.

Ohne ein Augenmerk auf das gesamte Unternehmen zu haben, ist eine Finanzplanung nicht möglich. Während der Kapitalbedarf für das Anlagevermögen dem

Unternehmen dauerhaft zur Verfügung stehen muss, ist auch bei dem Kapitalbedarf für das Umlaufvermögen eine Kapitalbindungsdauer zu berücksichtigen. Es liegt normalerweise in der Natur jeden unternehmerischen Handelns, dass zunächst ein Finanzbedarf entsteht und Mittel abfließen, bevor dem Unternehmen Liquidität wieder zufließt. Mit anderen Worten: Es ergibt sich fast ständig eine Vorfinanzierung. Gekaufte Roh-, Hilfs- und Betriebsstoffe binden Liquidität, bevor sie verarbeitet sind und dem Unternehmen über den Umsatz wieder finanzielle Mittel zurückfließen. Somit besteht also zunächst sowohl im Anlagevermögen als auch im Umlaufvermögen ein **Kapitalbedarf**.

Ermittlung des Kapitalbedarfs

Die Ermittlung des Kapitalbedarfs beim **Anlagevermögen** ist relativ einfach, da im Rahmen einer Investitionsplanung die Anschaffungs- oder Herstellungskosten weitgehend feststehen oder annähernd exakt ermittelt werden können.

Anders stellt sich die Ermittlung des Kapitalbedarfs beim **Umlaufvermögen** dar (Tab. 6.3). Hier ist zur Ermittlung des Kapitalbedarfs die Kapitalbindung in Materialien, Energie, Fertigungslöhnen, Zinsen, Steuern und sonstigem Aufwand zu berücksichtigen. Dabei geht man vom durchschnittlichen täglichen Aufwand aus und multipliziert diesen Wert mit den Tagen der Kapitalbindungsdauer. Die Kapitalbindungsdauer setzt sich aus den Tagen der Produktionsdauer, der Lagerdauer und des gewährten Kundenzahlungsziels zusammen. Somit wird die Kapitalbindung bis zum Mittelrückfluss errechnet.

Tab. 6.3 Kapitalbedarfsrechnung des Umlaufvermögens

Kostenart	Aufwand/Tag (in Euro)	Kapitalbindung (in Tagen)	Kapitalbedarf (in Euro)
Fertigungsmaterial	1 000	70	70 000
Energie	100	70	7 000
Fertigungslöhne	2 500	70	175 000
Sonstige Kosten	800	70	56 000
Gesamt	**4 400**	**70**	**308 000**

Die Kapitalbindung in Tagen (70) setzt sich zusammen aus Produktion (20), Lager (20) und Kunde (30). Auf eine Differenzierung der Kapitalbindung in Tagen zwischen dem Fertigungsmaterial und den übrigen Kosten wurde hier verzichtet.

Aufwand pro Tag × Kapitalbindung in Tagen = Kapitalbedarf

Finanzplan

Die zu erwartenden Einnahmen und Ausgaben werden in einem Finanzplan als Sollzahlen erfasst. Diesen Planzahlen werden später die Istzahlen gegenübergestellt.

> Der **Finanzplan** dient der laufenden Liquiditätsplanung und -überwachung. Damit sollen die Zahlungsbereitschaft des Unternehmens sichergestellt und Unterdeckungen rechtzeitig erkannt werden.

Finanzpläne werden jährlich, quartalsweise und monatlich erstellt. Es gibt Situationen, in denen sogar eine tägliche Finanzplanung sinnvoll ist. Auch hierbei gilt das Prinzip, dass der betriebene Aufwand in Relation zu dem damit verbundenen Nutzen stehen sollte. Ob beispielsweise eine quartalsweise Finanzplanung ausreicht, hängt zum Teil auch vom einzelnen Unternehmen ab. Um kurzfristig auf Veränderungen der Liquiditätssituation reagieren zu können und auch in der Vorschau eventuelle finanzielle Engpässe zu erkennen, ist in der Regel eine monatliche Finanzplanung zu empfehlen. Der Finanzplan kann nicht losgelöst von der gesamten Unternehmungsplanung aufgestellt werden!

Diese Logik ergibt sich in jedem privaten Haushalt. Ohne Kenntnis von Einnahmen und Ausgaben können wir am Monatsersten nicht planen, wie viel wir am Monatsletzten im Portemonnaie haben werden. – Es sei denn, wir haben weder Einnahmen noch Ausgaben und verschwinden für einen Monat im Dschungelcamp.

Der Finanzplan hat also nur dann eine Aussagekraft, wenn er auf andere Teilpläne wie Beschaffung, Produktion, Investition, Personal und Erlöse zurückgreifen kann. Wir brauchen also zumindest eine **Erfolgsplanung**, um eine Finanzplanung vornehmen zu können.

Ich habe in der Praxis die Erfahrung gemacht, dass es sinnvoll ist, alle Bereiche bzw. Abteilungen des Unternehmens in die Planung einzubeziehen. Einerseits steigert man dadurch das Verantwortungsgefühl, andererseits bekommt man ein Zahlengefüge, das nicht am grünen Tisch ermittelt wurde, sondern auf die Detailkenntnisse eines jeden Einzelnen in den Funktionsstellen des Unternehmens zurückgreift. Diese Verteilung der Verantwortlichkeiten ist auch im späteren Soll-Ist-Vergleich und der Interpretation von Abweichungen von großem Nutzen.

Neben der Überwachung einer gesicherten kurzfristigen Finanzierung dient der Finanzplan auch der Gelddisposition. Bei einer sich abzeichnenden Überdeckung sind Überlegungen anzustellen, wie überschüssige, zurzeit nicht benötigte Liquidität wirtschaftlich eingesetzt werden kann. Dazu gehört zum Beispiel die Frage nach der bestmöglichen Verzinsung. Auch die Anlage als Tagesgeld oder Monatsgeld ist ja günstiger, als das Geld zinslos auf dem Girokonto zu belassen. Bei einer Unterdeckung hingegen stellt sich die Frage weiterer Finanzbeschaffung. Somit ist der Finanzplan (Tab. 6.4) also durchaus ein wichtiges Steuerungsinstrument für die Unternehmensleitung.

Tab. 6.4 Beispiel für einen Finanzplan (Ausschnitt), Beträge in 1 000 Euro

	Jan. Soll	Jan. Ist	Jan. Abw.	Febr. Soll	Febr. Ist	Febr. Abw.	Mrz. Soll	Mrz. Ist	Mrz. Abw.	II. Qu. Soll
Anfangsbestand	12	12		23	14		31	19		29
Erlöse	200	196	./. 4	190	188	./. 2	220	232	+ 12	600
Mieteinnahmen	5	5	0	5	5	0	5	5	0	15
Zinseinnahmen	1	1	0	1	1	0	1	1	0	3
Erh. Anzahlung	8	7	./. 1	6	6	0	10	9	./. 1	24
Sonstige Einn.	4	5	+ 1	3	2	./. 1	4	4	0	12
Summe Einnahmen	218	214	./. 4	205	202	./. 3	240	251	+ 11	654
Kreditoren	60	62	+ 2	55	57	+ 2	70	75	+ 5	185
Werbung	5	6	+ 1	4	3	./. 1	6	6	0	15
Steuern	2	2	0	2	2	0	2	2	0	6
Personalkosten	120	125	+ 5	118	117	./. 1	139	132	./. 7	380
Sonstige Ausg.	20	17	./. 3	18	18	0	25	24	./. 1	63
Summe Ausgaben	207	212	+ 5	197	197	0	242	239	./. 3	649
Über-/Unterdeckung	+ 11	+ 2	./. 9	+ 8	+ 5	./. 3	./. 2	+ 12	+ 14	+ 5
Endbestand	23	14		31	19		29	31		34

Die Anfangsbestande wurden in dem Beispiel aus Tab. 6.4 bei den Sollzahlen für das ganze Quartal fortgeschrieben. Das heißt, es wurden **nicht** die jeweiligen Istbestände als Soll-Anfangsbestand auf den nächsten Monat vorgetragen. Somit ist im Bereich der Sollzahlen der Anfangsbestand im Januar jeweils plus/minus der kumulierten Über- und Unterdeckungen die Sollzahl für die nächste Periode.

Anfangsbestand Januar	12
Überdeckung Januar	11
= Anfangsbestand Februar	23
Überdeckung Februar	8
= Anfangsbestand März	31
Unterdeckung März	2
Anfangsbestand II. Quartal	**29**

Bei den Istzahlen wurden dagegen die Anfangsbestände monatlich angepasst und vorgetragen. Im Soll-Ist-Vergleich der jeweiligen Bestände führt dies dazu, dass die jeweilige Differenz aus den kumulierten Soll-Ist-Abweichungen der Über- und Unterdeckungen besteht.

Entwicklung der Istbestände zur Verprobung:

Anfangsbestand Januar (Soll = Ist)	12
Überdeckung Ist Januar	2
= Anfangsbestand Ist Februar	14
Überdeckung Ist Februar	5
= Anfangsbestand Ist März	19
Überdeckung Ist März	12
= Anfangsbestand Ist II. Quartal*	**31**

* In Tab. 6.4 noch nicht aufgeführt

Der Anfangsbestand Soll II. Quartal beträgt			29
Soll-Ist-Abweichung	Januar	./. 9	
	Februar	./. 3	
	März	+ 14	+ 2
Anfangsbestand Ist II. Quartal (siehe oben)			**31**

Kapitalfluss

Werden die liquiden Mittel nach Herkunft und Verwendung geordnet gegenübergestellt, bezeichnet man diese Darstellung als **Kapitalflussrechnung**. Die Kapitalflussrechnung dient der Finanzkontrolle und gibt gleichzeitig auch Außenstehenden einen Einblick in die Finanzlage des Unternehmens. Als Ausgangsbasis dienen die Zahlen des Jahresabschlusses bzw. die der Quartalsabschlüsse.

Bei dem sogenannten **Cash-Flow** wird das Ergebnis (Gewinn oder Verlust) um die nicht zahlungswirksamen Aufwendungen und Erträge bereinigt. Dies sind zum Beispiel Abschreibungen, Auflösung von Rückstellungen usw. Die direkte Methode, den Cash-Flow direkt aus Einnahmen und Ausgaben bzw. Einzahlungen und Auszahlungen zu ermitteln, kommt in der Praxis seltener zur Anwendung. Gebräuchlicher ist die indirekte Methode, bei der der Kapitalfluss vom Jahresergebnis ausgehend dargestellt wird.

> **Indirekte Berechnung des Kapitalflusses**
>
> + Jahresüberschuss (bei Fehlbetrag ./.)
> + Abschreibungen auf Anlagen
> + Zunahme der Rückstellungen (bei Abnahme ./.)
> + sonstige zahlungsunwirksame Aufwendungen
> ./. zahlungsunwirksame Erträge
> = Cash-Flow

Zum Vergleich nachstehend ein Beispiel der direkten Berechnung, wobei hier in den laufenden Geschäftsbereich und den Investitionsbereich unterteilt wurde.

> **Direkte Berechnung des Kapitalflusses**
>
> + Zahlungseingänge von Kunden
> + sonstige Zahlungseingänge
> ./. Zahlungen an Lieferanten
> ./. Zahlungen an Mitarbeiter
> ./. sonstige Auszahlungen (ohne Investitionen)
> = Cash-Flow aus laufender Geschäftstätigkeit
>
> ./. Zahlungen für Investitionen
> + Zahlungseingänge aus Anlageabgängen
> = Cash-Flow aus Investitionstätigkeit

Es handelt sich hier um abgekürzte Darstellungen. Vielfach wird neben der Unterteilung in die laufende Geschäftstätigkeit und den Investitionsbereich als dritte Stufe auch noch die sogenannte Finanzierungstätigkeit dargestellt, in der zum Beispiel Kapitalerhöhungen, Zuschüsse von Gesellschaftern, Auszahlungen an Gesellschafter sowie die Aufnahme und Tilgung von Krediten als Cash-Flow aus Finanzierungstätigkeit dargestellt werden.

6.4 Personalwesen

> **Aussagen von Konrad Mellerowicz zum Personalwesen**
> „Zur Rationalisierung der Verwaltung vom Personal her bedarf es einer Personalpolitik und Personalplanung, die durch richtige Auswahl, Ausbildung und Weiterbildung und durch menschenwürdige Behandlung und gerechte Entlohnung die Arbeitsfreude und das Arbeitsergebnis des Personals in der Verwaltung zu steigern vermögen."

Der Personalchef eines Unternehmens in öffentlicher Hand sagte in meinem Beisein auf die Frage, was er für seine wichtigsten Aufgaben halte: „Dass die Gehälter pünktlich rausgehen." – So prallen Meinungen aufeinander und so unterschiedlich

kann man eine Frage beantworten und einer Aufgabe Inhalte geben.
Bei Mellerowicz handelt es sich um einen anerkannten Wirtschaftswissenschaftler. Ich hatte ihn bereits in Kap. 5.2 erwähnt und zitiert. Gönnen wir dem erwähnten Personalchef seinen wohlverdienten Ruhestand und verständigen wir uns darauf, dass es im Personalwesen weit wichtigere Aufgaben gibt, als den Zahlungstermin für die Gehälter nicht zu verpassen. Was ich jedoch damals nicht in seiner ganzen Konsequenz bedacht habe, ist die Tatsache, dass viele Dinge, Kenntnisse und Erkenntnisse tatsächlich in den Hintergrund treten, wenn ein Unternehmen die Gehälter nicht mehr pünktlich oder gar nicht zahlen kann. – Und damit es soweit erst gar nicht kommen möge, brauchen wir die Betriebswirtschaftslehre in allen Ebenen des Betriebes.

Sicher ist es schon ein kleiner Fingerzeig für seine Bedeutung, dass das Personalwesen inzwischen auch als **Personalmanagement** bezeichnet wird. Der „Produktionsfaktor Personal" ist für die Funktionsfähigkeit und Wirtschaftlichkeit eines jeden Unternehmens von sehr großer Bedeutung.

> Es ist die Aufgabe des **Personalwesens**, auch Personalwirtschaft oder Personalmanagement genannt, das benötigte Personal mit der erforderlichen Qualifikation, Motivation und Leistungsfähigkeit bereitzustellen und zu betreuen.

Unter Einbeziehung der Entlohnung der Mitarbeiter ist die hierfür zuständige Abteilung die **Personalabteilung** (vgl. Abb. 6.1). Sie ist häufig gegliedert in
- Personalbüro,
- Gehaltsabrechnung und
- Lohnabrechnung.

Es soll hier nicht unerwähnt bleiben, dass die Bedeutung und Würdigung der menschlichen Arbeitskraft zur Erreichung der Unternehmensziele in den letzten dreißig Jahren enorm an Bedeutung gewonnen hat. Dies führte zwangsläufig dazu, dass auch die Personalbetreuung einen höheren Stellenwert erhalten hat als das früher der Fall war. Sichtbare Ergebnisse aus dieser Entwicklung sind zum Beispiel mehr Mitspracherecht und Erfolgsbeteiligungen von Mitarbeitern. Aus-, Fort- und Weiterbildung sowie die Betreuung des Personals in sozialen Belangen, zusätzliche Leistungen, Gestaltung des Arbeitsplatzes usw. bis hin zu Kantinen und Kinderbetreuung sind zu den Aufgaben des Personalwesens hinzugekommen und heute nicht mehr wegzudenken. Die sich gewandelte soziale Gesetzgebung und das Arbeitsrecht tragen zu einer stärkeren Gewichtung der menschlichen Arbeitsleistung bei und verlangen gleichzeitig auch eine höhere Qualifikation der Mitarbeiter im Personalwesen. Das betriebliche Personalwesen drückt als Bestandteil der gesamten Unternehmenspolitik die **Personalpolitik** aus.

6.4.1 Personalbeschaffung

Ermittlung des Personalbedarfs
Der Personalbeschaffung geht die Ermittlung des Arbeitskräftebedarfs voraus. Hierfür ist ein **Stellenplan** sehr hilfreich. Dieser gibt normalerweise die Sollsituation wieder, er ist also eine Zusammenstellung aller **Stellenbeschreibungen**. Der Stellenplan gibt Auskunft über sämtliche Planstellen des Unternehmens. Er kann in Tabellenform geführt oder als Organigramm dargestellt werden.

Im Gegensatz zur Soll-Situation wird die Ist-Situation der besetzten Stellen im **Stellenbesetzungsplan** dargestellt. Abgesehen vom Personalbedarf, der sich aus den ggf. unbesetzten Stellen im Stellenplan ergibt und durch Fluktuation bekannt ist, wird insbesondere im Produktionsbereich und mit Abstrichen auch im Vertriebsbereich der Bedarf zum Teil durch die Auslastung bestimmt und messbar gemacht. Von einer rückläufigen Auftragslage bis hin zur Wirtschaftskrise und deren Auswirkungen auf Arbeitsstellen in Form von Kurzarbeit und Arbeitslosigkeit haben wir in den letzten Jahren leider viel zu hören bekommen. Es ist betriebswirtschaftlich unvermeidbar, Auslastung und Beschäftigungsgrad in die Personalplanung einzubeziehen. Produktions- und Absatzsteigerungen haben dementsprechend einen höheren Personalbedarf zur Folge. Der Beurteilung der für Produktionsabläufe erforderlichen Arbeitszeiten liegen Zeitnahmen und Arbeitsstudien zugrunde. Beispielsweise bedient man sich zur Ermittlung von Fertigungszeiten, Stückzeitvorgabe und Leistungslohnvorbereitung des sogenannten **Refa-Systems**.

Die auch heute noch gebräuchliche Abkürzung „Refa" geht auf den Reichsausschuss für Arbeitszeitermittlung zurück, der sich nach dem Krieg im Jahre 1948 neu gründete, als Verband für Arbeitsstudien und Betriebsorganisation auch heute noch existiert und unter „REFA Bundesverband e. V." firmiert.

Bei den Refa-Methoden geht es nicht nur um die Zeitnahme, sondern primär auch um die Verbesserung von Arbeitsabläufen zur Steigerung von Produktivität und Wirtschaftlichkeit.

Arbeitsplatzbeschreibung
Neben dem **quantitativen Personalbedarf** gibt es den **qualitativen Personalbedarf**. Die gewünschte Qualifikation der Mitarbeiter und somit das Anforderungsprofil der einzelnen Arbeitsstelle wird in der **Stellenbeschreibung** beschrieben. Die Stellenbeschreibung, auch als **Arbeitsplatzbeschreibung** bezeichnet, sollte eine möglichst exakte und umfangreiche Aussage über die Stelle und deren Anforderungsprofil treffen.

Angaben in der Stellenbeschreibung

- genaue Bezeichnung der Stelle,
- organisatorische Stellung des Stelleninhabers im Betrieb,
- Kompetenzen des Stelleninhabers,
- genaue und lückenlose Tätigkeitsbeschreibung,
- erforderliche Ausbildung/theoretische Qualifikation des Stelleninhabers,
- erforderliche fachliche Qualifikation.

Die Schwierigkeit wirklich aussagefähiger Stellenbeschreibungen liegt in der ihr vorangehenden **Arbeitsplatzanalyse**. Bei einer erstmaligen Erstellung von Arbeitsplatzbeschreibungen kann man natürlich auf die Selbstdarstellung der momentanen Stelleninhaber zurückgreifen. Das erspart jedoch nicht die Überprüfung durch eine kompetente Fachkraft, um eine falsche subjektive Selbsteinschätzung auszuschließen und eine neutrale Bewertung der Stelle und der zugehörigen Arbeitsabläufe zu erhalten. Aus derartigen Arbeitsplatzanalysen lassen sich auch Rückschlüsse auf die Auslastung der Mitarbeiter ziehen sowie Abläufe unter Umständen rationalisieren und verbessern.

Interne und externe Stellenauschreibungen

Es ist Aufgabe der Personalplanung, möglichst den Personalbedarf und den Personalbestand in Übereinstimmung zu bringen und zu halten sowie die Stellen quantitativ und qualitativ bestmöglich zu besetzen. Die Möglichkeiten zur Personalbeschaffung sind nachfolgend zusammengefasst.

Möglichkeiten der Personalbeschaffung

Interne Stellenbesetzung:
- interne Stellenausschreibung,
- Bewährungsaufstieg,
- betriebsbedingte Versetzungen,
- Änderung von Arbeitsplätzen und Arbeitsabläufen,
- Versetzungen im Sinne von Beförderungen,
- aus eigener Ausbildung,
- kurzfristig auch Mehrarbeit, Überstunden, Doppelschichten.

Externe Personalbeschaffung:
- unaufgefordert eingehende Bewerbungen,
- Firmenpräsentationen,
- Stellenanzeigen in Tageszeitungen usw.,
- Stellenanzeigen in Fachzeitschriften,
- über die Bundesagentur für Arbeit/Arbeitsämter,
- Zeitarbeitsfirmen,
- über Stellengesuche in Zeitungen und Fachzeitschriften,
- über Kontakte z. B. zu Universitäten, Hochschulen, Berufsschulen,
- Personalberater,
- Aushänge, Handzettel.

Ein für alle Unternehmen und alle Stellenausschreibungen geltendes Patentrezept, welche Methode der Personalbeschaffung die richtige ist, gibt es nicht. Grundsätzlich kann man sagen, dass eine interne Stellenbesetzung kostengünstiger ist.

Sicher kennen Sie aber auch den Spruch: „Der Prophet im eigenen Land ist nichts wert."

Auf die Personalbeschaffung bzw. die Besetzung einer Stelle bezogen ist es tatsächlich in der Praxis leider teilweise so, dass es der eigene Nachwuchs zunächst schwer hat, sich in einer neuen Position zu behaupten und die ausreichende Akzeptanz der übrigen Mitarbeiter, teilweise sogar der Vorgesetzten, zu erwerben. Wer es vom Auszubildenden zum Sachbearbeiter oder sogar in eine noch höhere Verantwortung in seinem Ausbildungsbetrieb schaffen will, hat insbesondere diese Hürde zu nehmen, sich von dem Nimbus des Azubi zu befreien.

Die **Vorteile einer internen Stellenbesetzung** gegenüber einem externen Bewerber liegen jedoch auf der Hand: Man kennt die theoretischen und fachlichen Kenntnisse und Fertigkeiten sehr genau, man kennt die Neigungen, die Belastbarkeit, die Zuverlässigkeit und zu einem erheblichen Teil auch den Charakter der Mitarbeiter. Ein weiterer Vorteil besteht darin, dass nicht nur der Arbeitgeber den Arbeitnehmer bereits beurteilen kann, sondern dass auch der neue Stelleninhaber die übrigen Mitarbeiter, die Vorgesetzten, die Hierarchie des Unternehmens und auch die örtlichen Gegebenheiten alle schon kennt. Und ebenfalls nicht zu unterschätzen sind die schon vorhandenen Kenntnisse und Kontakte nach außen, zu Kunden, Lieferanten, Banken, Behörden usw. Das erleichtert die Übernahme einer neuen Aufgabe sehr und erspart vielfach auch Kosten.

Aber es gibt natürlich auch **Argumente für eine externe Stellenbesetzung**. Eine solche ist z. B. zwangsläufig der Fall, wenn für die ausgeschriebene Stelle gar kein Mitarbeiter mit entsprechender Qualifikation aus dem eigenen Unternehmen vorhanden oder frei ist. Ein weiterer Vorteil kann in den Erfahrungen und Kenntnissen des neuen Stelleninhabers liegen, der nicht mit einer gewissen „Betriebsblindheit" behaftet ist. Je nach Position kann es auch durchaus erwünscht sein, die Stelle mit einem Mitarbeiter zu besetzen, der nicht bereits mit den anderen Mitarbeitern „verbrüdert" ist. Es ist zum Beispiel nicht immer gut, einen Kollegen zum Vorgesetzten zu machen.

Hier halte ich in manchen Fällen dann eine alte Weisheit für zutreffend: „Neue Besen kehren gut."

Dass ein neuer Mitarbeiter in bestimmten Funktionen auch Betriebsgeheimnisse seines vorhergehenden Arbeitgebers mitbringen könnte, ist sicher ein „böser" Gedanke, nennen wir es also lieber „Know-how". Manchmal bringt er auch gleich ein paar Kunden mit oder verfügt über eine gewisse Protektion in Politik und Wirtschaft.

Fassen Sie es bitte scherzhaft auf, wenn ich hier anfüge: „Dafür kann der arme Mann oder die arme Frau doch nichts!"

> Die beste Personalpolitik bei der Entscheidung für eine **interne oder externe Stellenbesetzung** liegt wohl darin, die eigene Belegschaft bevorzugt zu behandeln und ihr die Chance eines Aufstiegs im Unternehmen zu geben, sich aber eine externe Besetzung jederzeit vorzubehalten und beide Möglichkeiten zu praktizieren.

Hier sei angemerkt, dass die Bewerbung mehrerer eigener Mitarbeiter auf die gleiche Stelle nicht immer dem Betriebsklima dienlich ist. Kritisch kann es insbesondere dann werden, wenn aus dem Kreis mehrerer gleichgestellter Mitarbeiter einer der Vorgesetzte der anderen werden soll.

Und nach welchen Kriterien entscheiden wir uns nun für diesen oder für jenen Bewerber? Eine erlesene Auswahl von Bewerbungen vor sich liegen zu haben, ist schon sehr interessant. Wenn nach einer ersten Sichtung immer noch zwanzig, dreißig oder mehr Bewerbungen für die Entscheidung verbleiben, beginnt man damit, das Stellenprofil mit dem Bewerberprofil abzugleichen. Hierzu bedient man sich einer tabellarischen Aufstellung aller Bewerbungen, in die die Personalien, Alter, Geschlecht, Familienstand, Ausbildung, beruflicher Werdegang, ggf. Gehaltsvorstellung, Form und Gestaltung der Bewerbung, Optik anhand des Bewerbungsfotos und Gesamteindruck eingetragen werden. Mit so einem Raster erhält man bereits eine erste Eignungsanalyse, die bei Bedarf auch der Unternehmensleitung vorgelegt werden kann. Falls für eine intern und extern ausgeschriebene Stelle auch Bewerbungen eigener Mitarbeiter vorliegen, ist es zweckmäßig, diese ebenfalls mit den gleichen Positionen in der Tabelle aufzuführen, um eine objektive Beurteilung aller Bewerber zu ermöglichen.

Das Bewerbungsgespräch

Ob man sich für Vorstellungsgespräche psychologisch erarbeiteter Methoden bedient, hängt vom Unternehmen und der zu besetzenden Stelle ab. Teilweise werden begleitend oder anstelle der herkömmlichen Vorstellungsgespräche auch Eignungsprüfungen durchgeführt.

Das Bewerbungsgespräch dient einerseits dazu, den Eindruck aus der schriftlichen Bewerbung zu vertiefen und, wo erforderlich, zu hinterfragen. Oft wird ein erster Eindruck durch ein Gespräch sehr positiv bestätigt oder sogar verbessert, manchmal ist jedoch auch das Gegenteil der Fall.

Eine der wichtigsten Fragen an den Bewerber in einem Vorstellungsgespräch ist: „Warum haben Sie sich bei uns beworben?"

Warum ich diese Frage für so wichtig halte? – Weil ich von dem Bewerber hören möchte, dass es er/sie genau in diesem Unternehmen tätig werden möchte!

Jeder Bewerber sollte sich vor einem Vorstellungsgespräch sachkundig machen, mit welchem Unternehmen er es zu tun hat: Wer ist das? Was ist das für eine Unternehmensform? Wie groß sind die? Was machen die eigentlich? – Auf diese Fragen sollte man als Bewerber eine Antwort haben, wenn man glaubhaft vermitteln will, dass man in dem Unternehmen gerne mitarbeiten würde.

Etwas gemischte Gefühle hatte ich immer, wenn ein Bewerber in den ersten zehn Minuten eines Vorstellungsgespräches fragte: „Wie viel verdiene ich bei Ihnen?"

Es ist nachvollziehbar, dass jeder Bewerber wissen möchte, was seine spätere Arbeitsleistung wert sein wird. Andererseits gibt es aber Dinge im Berufsleben, die man abklären sollte, bevor (!) nach der Bezahlung gefragt wird. Die Frage an den Bewerber: „Wie stellen Sie sich denn Ihre künftige Tätigkeit vor, wenn wir uns für Sie entscheiden?", wird manchmal auf eine Art und Weise beantwortet, welche die spätere Frage nach dem Einkommen überflüssig macht.

Die interessantesten Rückschlüsse aus einem Vorstellungsgespräch kann man übrigens ziehen, wenn der Bewerber das Gefühl hat ‚wir unterhalten uns ja nur'. Dazu sind auch Fragen nach der Lieblingsbeschäftigung, der Freizeitgestaltung und eventuellen Hobbies sehr geeignet, weil viele Bewerber dann sehr schnell aus sich herausgehen und mit einer gewissen Begeisterung erzählen. – Die Objektivität setzt hier allerdings voraus, dass auch z. B. ein Dortmunder Personalchef dem standhält, dass sich ein Bewerber als Schalke-Fan zu erkennen gibt. Oder umgekehrt. – Und das ist schwer!

6.4.2 Entlohnungsarten

> Das **Arbeitsentgelt** ist die Gegenleistung für die erbrachte Arbeitsleistung in Form von Löhnen und Gehältern.

Die fast schon traditionelle Unterscheidung zwischen „Arbeitern" und „Angestellten", nach welcher der Lohnempfänger als Arbeiter und der Gehaltsempfänger als Angestellter definiert wird, halte ich – wie bereits in Kap. 5.2 erwähnt – weder für sinnvoll, noch für zeitgemäß.

Das Arbeitsentgelt wird in **Tarifverträgen** oder **Betriebsvereinbarungen** geregelt. Oberstes Gebot sollte eine „gerechte!" Entlohnung sein. – Aber was ist gerecht? – Diese Frage ist nicht abschließend zu beantworten. Im Prinzip ist ein Arbeitsentgelt dann gerecht, wenn die Mitarbeiter ihre Entlohnung als gerecht empfinden. Dazu gehört aber auch ein Lohn- oder Gehaltsgefüge. Es fördert nicht die Leistungsbereitschaft, wenn gleiche Tätigkeiten unterschiedlich vergütet werden. Als ungerecht wird vielfach auch empfunden, wenn jemand Arbeiten verrichten muss, die zum Aufgabengebiet eines Mitarbeiters mit höherem Einkommen gehören.

Natürlich muss ein Vorgesetzter Arbeiten delegieren. Wenn das aber dazu führt, dass der Sachbearbeiter oder der Geselle ständig die Arbeiten seines Chefs oder des Meisters machen müssen, dann kann das Unzufriedenheit auslösen, sofern nicht eine besondere Vergütung dafür erfolgt.

Nachdem die menschliche Arbeitsleistung in heutigen Unternehmen einen hohen Stellenwert hat, könnte eine gerechte Entlohnung auch als Forderung nach einer Erfolgsbeteiligung am Unternehmen definiert werden.

> **Entlohnungsarten**
> - Zeitlohn,
> - Stücklohn,
> - Prämienlohn,
> - Lohn mit Gewinnbeteiligung.

„Lohn" ist hier im Sinne von Entlohnung zu verstehen und nicht als Abgrenzung vom Gehalt. Das sogenannte „Monatsgehalt" ist auch ein Zeitlohn.

Zeitlohn

Bemessungsgrundlage für den Zeitlohn ist die geleistete Arbeitszeit. Der Zeitlohn errechnet sich aus der Anzahl der geleisteten Stunden, multipliziert mit dem Stundenlohn. Ist ein Monatsgehalt vereinbart, liegt diesem auch eine nach der Arbeitszeitregelung gültige Anzahl von zu leistenden Arbeitsstunden zugrunde. Das heißt, dass die Mitarbeiter für ihren monatlichen Zeitlohn zur Ableistung der festgelegten Stunden verpflichtet sind, um Anspruch auf die volle Vergütung zu haben. – Wenn man jedoch z. B. an manche Bürotätigkeiten denkt, wird deutlich, dass der Zeitlohn für die Anwesenheit während der Arbeitszeit gezahlt und die Erbringung der in dieser Zeit zu leistenden Arbeiten vorausgesetzt wird. So werden zum Beispiel auch die Pausenzeiten nicht von der Vergütung in Abzug gebracht. Auch die Lohnfortzahlung bei Krankheit und Urlaub sind Beispiele dafür, dass der Entlohnung nicht in jedem Fall geleistete Arbeitszeit gegenüberstehen muss. Es ist ein Hauptmerkmal des Zeitlohnes, dass eine exakte Leistungserfassung nicht möglich ist und der Lohn nicht den Arbeitsergebnissen zugeordnet werden kann.

Stücklohn

Beim Stücklohn wird die ausgebrachte Menge unabhängig von der dafür verwendeten Arbeitszeit zur Bemessungsgrundlage der Entlohnung. Es besteht also ein direkter Bezug zur Leistung. Der Begriff Stücklohn ist auch bekannt als **Akkordlohn**. Durch Vorgabezeiten, den sogenannten **Zeitakkord**, wird zwar ein gewisser Druck auf die einzelnen Mitarbeiter ausgeübt, diese Vorgabezeiten nicht zu überschreiten, die Akkordarbeit hat jedoch ihren besonderen Anreiz darin, durch schnelleres Arbeiten einen höheren Lohn erzielen zu können. Stücklohn und Zeitakkord sind im Fertigungsbereich durchaus sinnvoll und können für Unternehmen und Mitarbeiter gleichermaßen vorteilhaft sein. In der Regel wird kein reiner Akkordlohn vereinbart, sondern als Mindestlohn ein Grundlohn, der sich um die Akkordleistungen erhöht. Die Akkordleistung, die zu einem vereinbarten Lohnsatz vergütet wird, kann eine Stückzahl (deshalb „Stücklohn"), aber auch ausgebrachte Menge in Meter oder Kilogramm sein. Ohne Berücksichtigung der benötigten Arbeitszeit wird beim **Stückgeldakkord** die Anzahl der fertiggestellten Einheiten mit dem vereinbarten Stücklohn multipliziert. Bei dem bereits vorstehend erwähnten Zeitakkord wird die Stückzeit in Minuten vorgegeben und die Arbeitszeiten mit einem Minutenfaktor multipliziert. Der Vollständigkeit halber sei erwähnt, dass man diese beiden Arten des Leistungslohnes auch Stückzeitlohn nennt.

Beispiel für die Lohnberechnung im Zeitakkord

Beträgt beispielsweise die Vorgabezeit 300 Minuten und der Minutenfaktor 0,12 €, ergibt sich die Rechnung 300 × 0,12 = 36 €, das entspricht einem Stundensatz von 7,20 €.
Braucht der Mitarbeiter statt der Vorgabezeit von 300 Minuten nur 240 Minuten, errechnet sich sein Verdienst aus

$$\frac{36}{240} \times 60 = 9{,}00 \text{ € } \textit{effektiver Stundenlohn}$$

Prämienlohn
Beim Prämienlohn ist der Grundlohn in der Regel ein Zeitlohn, der sich um eine gesonderte Prämie erhöht. Prämienlohnsysteme können für die Ersparnis an Arbeitszeit oder auch für eine über ein vereinbartes Mindestmaß hinausgehende Stückzahl zur Anwendung kommen. Somit kann ein Prämienlohn als Zuschlag bzw. Sondervergütung sowohl auf einen Zeitlohn als auch auf einen Stücklohn aufbauen. Neben den Faktoren Zeitersparnis oder Stückleistung kann eine feste oder auch gestaffelte Prämie für die Einsparung von Energie oder Materialkosten vereinbart werden. Eine besonders niedrige Ausschussquote zum Beispiel kann ebenfalls Gegenstand einer Prämienlohnvereinbarung und -zahlung sein.

Lohn mit Gewinnbeteiligung
Entlohnung mit Gewinnbeteiligung bedeutet, dass die Mitarbeiter neben dem vereinbarten und gültigen Lohn an dem Gewinn des Unternehmens beteiligt sind. Das setzt nicht unbedingt voraus, dass die Mitarbeiter auch an den Entscheidungsprozessen des Unternehmens beteiligt sind. Lohn mit Gewinnbeteiligung ist eine materielle Beteiligung am Unternehmen. Neben der Form der Mitarbeiterbeteiligung am Unternehmensgewinn gibt es auch Formen der Beteiligung am Ertrag, an der Produktivität oder der Kostenersparnis.

6.4.3 Sozialleistungen

Wir unterscheiden zwischen
- vom Gesetzgeber vorgeschriebenen Sozialleistungen und
- freiwilligen Sozialleistungen.

Grundsätzlich entsprechen Sozialleistungen sozialen Erwägungen. Dies ist auch dann der Fall, wenn sie auf einem freien Entschluss des Unternehmens beruhen. Sozialleistungen werden über den vereinbarten und gültigen Lohn hinaus gewährt.

Sozialleistungen, die der sozialen Sicherung dienen und bei denen es sich deshalb um **gesetzliche Sozialleistungen** handelt, sind:
- Krankenversicherung,
- Unfallversicherung,
- Rentenversicherung,
- Arbeitslosenversicherung,

- Pflegeversicherung,
- Arbeitsförderung,
- Kindergeld,
- Entgeltfortzahlung bei Krankheit,
- bezahlter Urlaub,
- Entgeltfortzahlung an Feiertagen,
- Mutterschutz.

Die Beiträge zur Unfallversicherung trägt der Arbeitgeber und führt sie an die zuständige Berufsgenossenschaft ab. Beiträge zur Krankenversicherung, Rentenversicherung, Arbeitslosenversicherung und Pflegeversicherung werden anteilig vom Mitarbeiter und vom Arbeitgeber getragen. Bei dem Arbeitgeberanteil handelt es sich somit auch um soziale Abgaben, also um Sozialleistungen des Unternehmens.

Neben diesen vom Gesetzgeber abgesicherten Sozialleistungen gibt es freiwillige Sozialleistungen, die teilweise über Tarifverträge oder Betriebsvereinbarungen geregelt sind.

Freiwillige Sozialleistungen sind:
- 13. Monatsgehalt,
- Weihnachtsgeld,
- Urlaubsgeld,
- Essenszuschüsse,
- eigene Kantine,
- betriebliche Rentenkasse zur Altersversorgung,
- Werksarzt,
- Werksbücherei,
- Kindergarten,
- Freizeitanlagen,
- Mitarbeiterrabatte,
- Werkswohnungen,
- Personalwohnheime,
- Gesellschaftsräume,
- Betriebsausflüge,
- Betriebsfeste,
- Dienstfahrzeuge,
- Privatnutzung von Unternehmenseinrichtungen,
- Fort- und Weiterbildung.

Derartige freiwillige Sozialleistungen sollen für die Mitarbeiter einen besonderen Anreiz darstellen und das Unternehmen attraktiv machen. Eine Win-win-Situation könnte man sagen – eine Situation also, von der beide Seiten profitieren: Während der Mitarbeiter zusätzliche soziale Vorteile genießt, hat das Unternehmen eine zufriedene Belegschaft ohne Abwanderungsabsichten.

6.4.4 Arbeitsbedingungen

Die **Arbeitsbedingungen** sind ein wesentlicher Faktor für die Zufriedenheit der Mitarbeiter. Und in der Regel schafft eine hohe Zufriedenheit eine hohe Leistungsbereitschaft und Motivation. Wer gerne zur Arbeit geht, hat weniger Ausfallzeiten und erbringt bessere Leistungen als Mitarbeiter, die sich ständigem Druck oder unter Umständen sogar Mobbing am Arbeitsplatz ausgesetzt fühlen. Insofern stehen Arbeitsbedingungen und Arbeitsleistung in einer direkten Beziehung zueinander.

Folgende Faktoren nehmen Einfluss auf die Arbeitsbedingungen:
- Arbeitsentgelt,
- soziale Leistungen,
- menschliches Umfeld,
- Führungsstil,
- Arbeitskollegen,
- Arbeitsaufgaben,
- Arbeitsbedingungen,
- Arbeitsmittel,
- Sicherheit am Arbeitsplatz,
- Arbeitsplatzgestaltung,
- Arbeitszeitregelung,
- Pausenregelung,
- Weiter- und Fortbildungsmöglichkeiten,
- Aufstiegsmöglichkeiten,
- Sicherheit von Arbeitsplatz und Einkommen,
- Anerkennung der Leistung.

Jeder dieser Einflussfaktoren kann sich stark auf Motivation und Leistung der Mitarbeiter auswirken. Das gesamte Umfeld am Arbeitsplatz, einschließlich des Führungsstils von Vorgesetzten, hat einen ganz wesentlichen Einfluss auf das **Betriebsklima**. Das Gefühl, dazu zu gehören und gebraucht zu werden, gerecht behandelt und entlohnt zu werden, Möglichkeiten von Weiterbildung und Aufstieg selbst beeinflussen zu können und einen sicheren Arbeitsplatz zu haben, sind ganz wesentliche Voraussetzungen für die Leistungsmotivation. Besteht diesbezüglich ein Änderungsbedarf, können Arbeitsinhalte und Arbeitsumfang durch verschiedene Formen der Arbeitsstrukturierung (Kap. 6.4.5) neu gestaltet werden.

6.4.5 Methoden der Arbeitsstrukturierung

Job Enrichment (Aufgabenbereicherung). Durch Hinzufügung von Aufgaben entsteht ein neuer Aufgabenkomplex. Daraus ergibt sich eine bessere Selbstverwirklichung der Mitarbeiter bei zum Teil gleichzeitiger Entlastung des Vorgesetzten. Hierdurch soll eine Leistungssteigerung erreicht werden.

Job Enlargement (Aufgabenerweiterung). Gleichwertige Tätigkeiten werden dem Aufgabengebiet hinzugefügt. Damit entstehen größere Aufgabenbereiche, die der Monotonie des Arbeitsplatzes entgegenwirken sollen. Auch dies soll zu einer Leistungssteigerung führen.

Job Rotation (Arbeitsplatzwechsel). Bei der Rotation bleibt die Arbeitsteilung bestehen, aber die Mitarbeiter wechseln gegenseitig die Arbeitsplätze und somit die Aufgaben. Das ähnelt der Springerfunktion, da die Mitarbeiter Einblick in verschiedene Tätigkeiten und Arbeitsplätze erhalten und vielseitiger einsetzbar sind. Die Rotation wirkt ebenfalls der Monotonie entgegen und sichert gleichzeitig die Vertretung im Krankheits- und Urlaubsfall.

Teamarbeit (Arbeitsgruppen). Arbeitsgruppen erhalten Entscheidungsbefugnisse für ihren abgegrenzten Bereich. Derartige Projektgruppen werden in der Regel für einen bestimmten Zeitraum und für eine befristete Aufgabe gegründet.

6.4.6 Zeugnisse

Es besteht eine **Zeugnispflicht**, d. h., der Arbeitgeber muss dem Arbeitnehmer bei Beendigung des Arbeitsverhältnisses ein schriftliches Zeugnis ausstellen. Ein sogenanntes **einfaches Zeugnis** enthält Angaben über die Art und Dauer des Arbeitsverhältnisses. Der Arbeitnehmer kann jedoch ein **qualifiziertes Zeugnis** verlangen, in dem auch seine Leistungen und sein Verhalten beurteilt werden. Das Zeugnis hat der Wahrheit zu entsprechen, ist jedoch wohlwollend zu erstellen, was so viel bedeutet, dass man dem ehemaligen Mitarbeiter in seinem beruflichen Fortkommen nicht schadet, indem dessen Leistungen und Verhalten zu wenig gewürdigt werden. Enthält jedoch ein Zeugnis zu Gunsten des Beurteilten unwahre Angaben, kann der Aussteller von einem späteren Arbeitgeber zur Leistung von Schadensersatz in Anspruch genommen werden.

Krankheiten dürfen in Zeugnissen nicht erwähnt werden, ebenso sind die Gründe für die Beendigung des Arbeitsverhältnisses nur dann zu nennen, wenn der Arbeitnehmer dies ausdrücklich wünscht. Auf die übliche Schlussformel, in der der Arbeitgeber dem ausscheidenden Arbeitnehmer für die gute Zusammenarbeit dankt, sein Ausscheiden bedauert und ihm für die Zukunft alles Gute wünscht, hat der Arbeitnehmer laut ständiger Rechtsprechung des Bundesarbeitsgerichts keinen Anspruch.

Auszubildenden ist nach Beendigung der Ausbildungszeit auch ohne deren ausdrückliches Verlangen ein qualifiziertes Zeugnis auszustellen, aus dem Art, Dauer und Ziel der Ausbildung sowie die erworbenen Fertigkeiten und Kenntnisse hervorgehen müssen. Auf Verlangen des Auszubildenden sind auch Führung, Leistung und besondere Fähigkeiten im Zeugnis mit zu erwähnen und zu bewerten.

Auf Wunsch des Arbeitnehmers sind Arbeitszeugnisse auch als **Zwischenzeugnisse** auszustellen. Davon wird insbesondere Gebrauch gemacht, wenn Arbeitnehmer innerhalb des Unternehmens neue Aufgaben übernehmen. Auch bei Wechsel bzw. Ausscheiden eines Vorgesetzten ist es vielfach ein berechtigter Wunsch des Mitarbeiters, von seinem „alten" Chef beurteilt zu werden und ein Zeugnis zu erhalten.

Der Satz „Er war ehrlich bis auf die Knochen" im Zeugnis eines ehemaligen Mitarbeiters vom Schlachthof ist nicht unbedingt als positive Beurteilung anzusehen. Auch entspricht das nicht der geforderten objektiven und klaren Formulierung in Zeugnissen. Dieser alte Scherz über einen Schlachthofmitarbeiter, der unrechtmäßig über Knochen von seinem Arbeitsplatz verfügt hat, ist hier auch nur zur Aufheiterung gedacht und als Überleitung zu einer durchaus gebräuchlichen „Zeugnissprache", die zum Teil die auf den ersten Blick getroffene Aussage in das Gegenteil verkehrt.

Unter Personalchefs sind bestimmte Formulierungen im Arbeitszeugnis als Abstufung der **Leistungsbeurteilung** gängig und bekannt (Tab. 6.5). Hinter „im Großen und Ganzen" oder „bemühte sich" verbirgt sich z. B. eine negative Beurteilung des Mitarbeiters. Derartige Nuancen in den Formulierungen sind jedoch mittlerweile hinlänglich bekannt, sodass sie bei künftigen Bewerbungen durchaus richtig interpretiert werden.

Tab. 6.5 Formulierungen im Arbeitszeugnis und ihre tatsächliche Bedeutung

Formulierung	Bewertung
Die Aufgaben wurden stets zu unserer vollsten Zufriedenheit erfüllt.	sehr gut
Die Aufgaben wurden stets zu unserer vollen Zufriedenheit erfüllt.	gut
Die Aufgaben wurden zu unserer vollen Zufriedenheit erfüllt.	befriedigend
Die Aufgaben wurden zu unserer Zufriedenheit erfüllt.	ausreichend
Die Aufgaben wurden im Großen und Ganzen zu unserer Zufriedenheit erfüllt.	mangelhaft
Bemühte sich, die Aufgaben zufriedenstellend zu erfüllen.	ungenügend

6.4.7 Kündigungen

Kündigen kommt von „kundtun", es ist die Erklärung, ein bestehendes Verhältnis zu beenden. Bei einem Arbeitsverhältnis wird dieses durch die Kündigung sofort oder zu einem bestimmten Zeitpunkt beendet.
Die Kündigung wird wirksam, wenn sie dem Vertragspartner zugegangen ist. Sie ist eine **empfangsbedürftige Willenserklärung**.
Es wird unterschieden in
- ordentliche Kündigung und
- außerordentliche Kündigung.

Wenn das Arbeitsverhältnis auf unbestimmte Zeit abgeschlossen ist, kann es durch eine **ordentliche Kündigung** von beiden Seiten unter Einhaltung einer Kündigungsfrist gekündigt werden. Die gesetzliche **Kündigungsfrist** ist in § 622 BGB geregelt.

§ 622 BGB – Kündigungsfristen bei Arbeitsverhältnissen

1. Das Arbeitsverhältnis eines Arbeiters oder eines Angestellten (Arbeitnehmers) kann mit einer Frist von vier Wochen zum Fünfzehnten oder zum Ende eines Kalendermonats gekündigt werden.
2. Für eine Kündigung durch den Arbeitgeber beträgt die Kündigungsfrist, wenn das Arbeitsverhältnis in dem Betrieb oder Unternehmen
   - zwei Jahre bestanden hat, einen Monat zum Ende eines Kalendermonats,
   - fünf Jahre bestanden hat, zwei Monate zum Ende eines Kalendermonats,
   - acht Jahre bestanden hat, drei Monate zum Ende eines Kalendermonats,
   - zehn Jahre bestanden hat, vier Monate zum Ende eines Kalendermonats,
   - zwölf Jahre bestanden hat, fünf Monate zum Ende eines Kalendermonats,
   - 15 Jahre bestanden hat, sechs Monate zum Ende eines Kalendermonats,
   - 20 Jahre bestanden hat, sieben Monate zum Ende eines Kalendermonats.
   Bei der Berechnung der Beschäftigungsdauer werden Zeiten, die vor der Vollendung des 25. Lebensjahrs des Arbeitnehmers liegen, nicht berücksichtigt.
3. Während einer vereinbarten Probezeit, längstens für die Dauer von sechs Monaten, kann das Arbeitsverhältnis mit einer Frist von zwei Wochen gekündigt werden.
4. Von den Absätzen 1 bis 3 abweichende Regelungen können durch Tarifvertrag vereinbart werden. Im Geltungsbereich eines solchen Tarifvertrags gelten die abweichenden tarifvertraglichen Bestimmungen zwischen nicht tarifgebundenen Arbeitgebern und Arbeitnehmern, wenn ihre Anwendung zwischen ihnen vereinbart ist.
5. Einzelvertraglich kann eine kürzere als die in Absatz 1 genannte Kündigungsfrist nur vereinbart werden,
   - wenn ein Arbeitnehmer zur vorübergehenden Aushilfe eingestellt ist; dies gilt nicht, wenn das Arbeitsverhältnis über die Zeit von drei Monaten hinaus fortgesetzt wird;
   - wenn der Arbeitgeber in der Regel nicht mehr als 20 Arbeitnehmer ausschließlich der zu ihrer Berufsbildung Beschäftigten beschäftigt und die Kündigungsfrist vier Wochen nicht unterschreitet.
   Bei der Feststellung der Zahl der beschäftigten Arbeitnehmer sind teilzeitbeschäftigte Arbeitnehmer mit einer regelmäßigen wöchentlichen Arbeitszeit von nicht mehr als 20 Stunden mit 0,5 und nicht mehr als 30 Stunden mit 0,75 zu berücksichtigen. Die einzelvertragliche Vereinbarung längerer als der in den Absätzen 1 bis 3 genannten Kündigungsfristen bleibt hiervon unberührt.
6. Für die Kündigung des Arbeitsverhältnisses durch den Arbeitnehmer darf keine längere Frist vereinbart werden als für die Kündigung durch den Arbeitgeber.

Bei der **außerordentlichen Kündigung** kann das Arbeitsverhältnis ohne Einhaltung einer Kündigungsfrist beendet werden. Man spricht deshalb auch von einer **fristlosen Kündigung**. Eine außerordentliche Kündigung wird dann ausgesprochen, wenn ein **wichtiger Grund** zur Auflösung des Arbeitsverhältnisses vorliegt und eine Weiterbeschäftigung nicht zumutbar ist. Dies kann in Ehrverletzungen, Tätlichkeiten oder einer Pflichtverletzung begründet sein.

Ein wichtiger Grund für eine fristlose Kündigung kann sowohl auf Seiten des Arbeitgebers als auch auf Seiten des Arbeitnehmers vorliegen. Diebstahl, Unterschlagung oder Arbeitsverweigerung sind zum Beispiel häufige Gründe, die einen Arbeitgeber zur fristlosen Kündigung veranlassen. Die **fristlose Kündigung aus wichtigem Grund** ist ebenfalls im BGB geregelt.

> **§ 626 BGB – Fristlose Kündigung aus wichtigem Grund**
>
> 1. Das Dienstverhältnis kann von jedem Vertragsteil aus wichtigem Grund ohne Einhaltung einer Kündigungsfrist gekündigt werden, wenn Tatsachen vorliegen, auf Grund derer dem Kündigenden unter Berücksichtigung aller Umstände des Einzelfalles und unter Abwägung der Interessen beider Vertragsteile die Fortsetzung des Dienstverhältnisses bis zum Ablauf der Kündigungsfrist oder bis zu der vereinbarten Beendigung des Dienstverhältnisses nicht zugemutet werden kann.
> 2. Die Kündigung kann nur innerhalb von zwei Wochen erfolgen. Die Frist beginnt mit dem Zeitpunkt, in dem der Kündigungsberechtigte von den für die Kündigung maßgebenden Tatsachen Kenntnis erlangt. Der Kündigende muss dem anderen Teil auf Verlangen den Kündigungsgrund unverzüglich schriftlich mitteilen.

Bevor einem Mitarbeiter wegen seines Verhaltens fristlos gekündigt wird, ist ihm durch den Arbeitgeber eine **Abmahnung** zu erteilen. In der Abmahnung muss das Verhalten des Mitarbeiters aufgeführt und die Kritik daran erklärt und begründet sowie für den Wiederholungsfall die fristlose Kündigung angedroht werden.

7 Unternehmensmanagement

Unter Management versteht man die Unternehmensführung. „To manage" bedeutet „handhaben" oder „bewerkstelligen" und entspricht auch der lateinischen Wortherkunft „manus", was soviel wie „Hand" bedeutet.

Wir müssen die Deutung mit der Hand ja nicht so wörtlich nehmen; denn die sogenannte „Managerkrankheit" ist keine Erkrankung der Hände, sondern betrifft doch eher Kreislauf und Blutdruck einiger Manager.

Der Manager handhabt als dynamischer Unternehmensführer die wirtschaftlichen Abläufe im Unternehmen. In der Ausübung seiner unternehmerischen Funktion, zu der er bestellt worden ist, ist der Manager vielfach mächtiger als die Kapitaleigner selbst, wie z. B. die Aktionäre einer Aktiengesellschaft.

James Burnham, ein amerikanischer Soziologe und Publizist, der insbesondere durch seine Theorie der Managergesellschaft bekannt wurde, behauptet in seinem Buch „The managerial revolution", dass die Kontrolle über die Produktionsmittel immer mehr von den Kapitalisten auf die Manager übergehe. Das sagt aus, dass sich in der Wirtschaft ein Übergang von der Substanz zur Funktion vollzieht, wobei die Bedeutung der Kapitalbesitzer gegenüber dem Managertum bzw. Funktionärswesen zurücktritt.

Der Eigentümerunternehmer ist in der Regel nur noch bei kleineren Betrieben anzutreffen, während bei Großbetrieben und Konzernen die Trennung von Kapital und Arbeit auch dergestalt vollzogen wurde, dass das Management nicht direkt das Unternehmerrisiko trägt.
Es verwundert nicht, dass der Begriff „Unternehmensleiter" an der Spitze des Unternehmens weitgehend durch den Begriff „Manager" verdrängt worden ist. Dies soll auch die heutige Erwartung unterstreichen, dass der Manager ein moderner Unternehmensleiter ist.

Wortbedeutung von „Management"

- Führungskräfte, die mit Führungsaufgaben betraut sind,
- Aufgabenbereiche und Funktion der Manager,
- wissenschaftliche Teildisziplin der Betriebswirtschaftslehre.

Wir haben also hier drei Deutungen des Begriffs „Management". Dies ist keineswegs eine neue Erkenntnis. Auch der Begriff „Unternehmensleitung" beinhaltet ja sowohl die Gruppe der Führungskräfte als auch deren Aufgabenbereich.
Ein schöpferischer Mensch der Wirtschaft sollte der Manager sein und die Instrumente der betrieblichen Sozialpolitik und Menschenführung ebenso beherrschen wie erfolgsorientierte Planung und Durchsetzung von Entscheidungen.
Bei der Gruppe der mit Führungsaufgaben betrauten Personen spricht man auch von der Institution und demnach von der **institutionellen** Betrachtung, wer für die Wahrnehmung der Aufgaben und Funktionen im Management zuständig ist.
Bei **funktioneller** Betrachtung geht es um deren Funktionen und Aufgaben.

7.1 Institutionen des Managements

> Unter den **Institutionen des Managements** versteht man alle Personen des Unternehmens, die mit Führungsaufgaben betraut sind.
> Träger des Managements ist also nicht nur die Unternehmensleitung im engeren Sinne, sondern auch die auf den untergeordneten Ebenen mit Weisungsbefugnissen und Entscheidungskompetenz ausgestatteten Personen.

Die Managementfunktionen unterteilen sich in
- sachbezogene Führungsaufgaben und
- Aufgaben der Personalführung und des Mitarbeitereinsatzes.

Hauptebenen des Managements sind:
- das Topmanagement als oberste Unternehmensleitung,
- das Middlemanagement als mittlere Führungsebene,
- das Lowermanagement als untere Führungsebene.

Das **Topmanagement** ist die oberste Unternehmensleitung und wird durch die Geschäftsführung bzw. den Vorstand gebildet. Es besteht in großen Unternehmen in der Regel aus mehreren Direktoren mit zum Teil unterschiedlichen Verantwortungsschwerpunkten und einem Vorstandsvorsitzenden. Wie in vielen anderen Bereichen, so hat sich auch hier eine „Amerikanisierung" der Begriffe eingebürgert: „Chief Executive Officer" (CEO) steht für den Vorstandsvorsitzenden, „Chief Officer" für die Vorstandsmitglieder allgemein, „Chief Financial Officer" (CFO) für den Finanzdirektor usw.

Dem Topmanagement in der Hierarchie untergeordnet, und somit auch weisungsgebunden, ist das **Middlemanagement**, die mittlere Führungsebene. Hierbei handelt es sich insbesondere um Abteilungsleiter, die mit Weisungsbefugnissen und Führungsaufgaben im Rahmen einer Abteilung ausgestattet sind. Sowohl nach oben als auch nach unten existieren Zwischenstufen im Management, beispielsweise Abteilungsdirektoren, Hauptabteilungsleiter, Gruppenleiter usw.

Im **Lowermanagement**, der unteren Führungsebene, sind die Befugnisse nicht so weitreichend und betreffen meist kurzfristige Entscheidungen in einem fest umrissenen Aufgabengebiet. Typische Beispiele hierfür sind u. a. Meister und Werkstattleiter.

7.2 Aufgaben des Managements

Die Managementaufgaben lassen sich in fünf wesentliche Funktionen gliedern:
- Zielsetzung,
- Planung,
- Entscheidung,
- Realisierung,
- Kontrolle.

Zielsetzung

Das **Gesamtziel** des Unternehmens wird in der Regel gemeinsam mit den Anteilseignern festgelegt und ist Ausgangsbasis für Detailziele und für die Planung des Managements. Einzelziele haben sich am Gesamtziel zu orientieren und sich ihnen unterzuordnen. Sowohl auf der mittleren als auch auf der unteren Führungsebene werden Ziele definiert und umgesetzt.

Oberste Ziele sind zum Beispiel Existenzsicherung und Gewinnoptimierung. Konkret kann das Gesamtziel der Unternehmung z. B. darin bestehen, in einem vorgegebenen Zeitraum einen gewissen Marktanteil zu erreichen, den Umsatz um X % zu steigern, eine eventuelle Verlustzone zu verlassen oder einen angestrebten bezifferten Gewinn zu erzielen. Somit betreffen wichtige **Erfolgsziele des Managements** den Gewinn, die Rentabilität und die Wirtschaftlichkeit der Unternehmung. **Sachziele des Managements** können sich aus den Erfolgszielen ergeben, dies muss aber nicht zwingend der Fall sein. Sie können auch losgelöst von den Erfolgszielen als Managementvorgabe festgelegt werden, solange sie nicht zu diesen im Widerspruch stehen. Während zum Beispiel Ziele im Bereich der Finanzen und Liquidität direkt mit dem Erfolg korrespondieren, können Ziele der Personalwirtschaft losgelöst davon angestrebt werden. Auch Ziele im sozialen Bereich können unabhängig von den Erfolgszielen festgelegt werden.

Planung

Im ersten Schritt erfordert die Planung im Management nicht unbedingt die Beherrschung der Planungsinstrumente Investitionsplanung, Finanzplanung, Erfolgsplanung, Personalplanung usw., sondern einen gesunden Menschenverstand! Planung bedeutet gleichzeitig auch Phantasie und Mut zur Erneuerung und zur Begehung neuer Wege.

Planung im Management ist eine Zielsetzung. – Wer nicht plant und sich keine neuen Ziele setzt, kann nicht innovativ sein!

Bei der betriebswirtschaftlichen Planung geht es darum, zukunftsorientiert erforderliche und mögliche Maßnahmen und Mittel aufzuzeigen, die der Erreichung angestrebter Ziele dienen. Hierbei geht es sowohl um ein Gesamtziel als auch um eine Vielzahl von Einzelzielen. Dadurch ergibt sich automatisch die Notwendigkeit innerbetrieblicher Kooperation und Koordination.

Grundsätzlich ist die Planung ziel- und zukunftsorientiert, was jedoch nicht ausschließt, dass sie mit einer Problemanalyse beginnt. Diese ist schon allein deshalb erforderlich, um vorhandene Ressourcen in die Planung einzubeziehen und nicht zu verschwenden. Planung vermeidet oder verdrängt Unordnung. Das kennen wir teilweise auch im privaten Bereich. So ist die Planung im Management gleichzeitig als Vorgabe für eine systematische Ordnung zu sehen, nach der Einzelschritte und Ereignisse zur Erreichung eines Zieles ablaufen sollen.

Zu einem solchen Planungsprozess gehören zwangsläufig Alternativen. Die Planung beinhaltet in der Regel

- eine inhaltliche Zielvorgabe,
- die quantitative oder wertmäßige Auswirkung und
- den gesetzten Termin.

Bei den Alternativen geht es darum, mehrere Möglichkeiten aufzuzeigen und zu analysieren, die zu dem gesetzten Ziel führen können. Dazu gehört natürlich auch der Aspekt der damit jeweils verbundenen Kosten und des Personaleinsatzes. Das bedeutet, dass eine Bewertung von Planung und Durchführungsalternativen stattfindet.

Die **operative** oder **kurzfristige Planung** erstreckt sich in der Regel auf einen Zeitraum von bis zu einem Jahr, teilweise auch bis zu zwei Jahren. Entsprechend kurzfristig ist hierbei auch die Kontrolle und ggf. die Plananpassung an veränderte Situationen. Die **taktische** oder **mittelfristige Planung** umfasst in der Regel eine Spanne von ein bis fünf Jahren. Die **strategische** oder **langfristige Planung** erfolgt für einen Zeitraum von fünf bis zehn Jahren. Sie plant die Unternehmensziele und legt, wie der Name schon sagt, die dafür erforderliche Strategie fest.

Entscheidung
Aus den im Planungsprozess erarbeiteten Vorgaben, Möglichkeiten und Alternativen fällt die Entscheidung, wie die strategischen Ziele des Unternehmens erreicht werden sollen.

> Das Ergebnis der Planung ist die Grundlage der Entscheidung!

Eine kollektive Entscheidung hat den Vorteil, dass diese nicht dem Zufall überlassen bleibt und nicht von der Ausnutzung einer Machtposition abhängig gemacht wird. Außerdem verhindert die Einbeziehung mehrerer Personen die Festlegung auf favorisierte Lösungen. Ziel einer Entscheidung als Prozess muss es sein, aus den verfügbaren Alternativen, wie sie in der Planungsphase erarbeitet worden sind, die möglichst optimale Alternative auszuwählen, die am ehesten zur Realisierung des Gesamtzieles führt und der Unternehmensphilosophie entspricht.
Die Fähigkeit zur Entscheidung setzt voraus, dass eine Problemstellung richtig erkannt worden ist, dass Alternativen und neue Lösungsansätze gefunden sind, eventuelle Widersprüche aufgedeckt wurden und jeder Schritt der Planung analytisch durchdacht worden ist. Diese hohen Anforderungen wiederum erfordern eine Struktur, die es vermeidet, den Gesamtplan zu verwerfen, weil ggf. ein einzelner Schritt noch nicht in vollem Umfang „abgesegnet" ist. Wo Kreativität und Phantasie zu wichtigen Entscheidungsfaktoren werden, können zwangsläufig auch Situationen eintreten, in denen eine Überlegung wieder verworfen werden muss. Auch hier sei noch einmal angemerkt, dass es Entscheidungen auf verschiedenen Hierarchie-Ebenen des Unternehmens gibt. Während **Führungsentscheidungen**, die die Sicherung des Unternehmens und die Unternehmenspolitik betreffen, im Topmanagement getroffen werden, gibt es eine Fülle von Entscheidungen in den nachgeordneten Hierarchiestufen, die sich im Rahmen der gesamten Unternehmensphilosophie bewegen und ansonsten zum Teil autonom getroffen werden.

Realisierung
Wer kennt das nicht: Unsere alljährlichen guten Vorsätze zu Silvester klingen meistens mit dem Kater am Neujahrstag schon wieder ab. Da wird ein Plan dann gerne mal um ein weiteres Jahr verschoben: Warum soll ich jetzt aufhören zu rauchen? Muss ich wirklich unbedingt abnehmen?

Im Rahmen unternehmerischer Zielsetzung, Planung und Entscheidung folgt dem die Realisierung.

Wir befinden uns also nach der Planungs- und Entscheidungsphase nunmehr in der Durchführungsphase, in der es darum geht, die ausgewählte Alternative zur Erreichung des gesetzten Zieles zu verwirklichen. Die im Entscheidungsprozess gefundenen Lösungsansätze werden realisiert.

Die Entscheidung zur Realisation löst einen Informationsfluss im Unternehmen aus, der unter Umständen auch Vorgaben über veränderte Arbeitsabläufe zum Inhalt haben kann. Somit kann die Realisierungsphase gleichzeitig Auslöser neuer Arbeitsanweisungen für die Mitarbeiter sein, neue Prioritäten und eine veränderte Philosophie vermitteln. Dies verdeutlicht, dass die Entscheidungen im Topmanagement auf allen Ebenen des Unternehmens umgesetzt werden müssen. Nicht selten spielt dabei die Motivation der Mitarbeiter, veränderte Situationen mitzutragen und bereitwillig umzusetzen, eine entscheidende Rolle. Nicht umsonst wird in diesem Zusammenhang auch von „Willensdurchsetzung" gesprochen.

Kontrolle
Der Durchführungsphase folgt die Kontrollphase. Sie hat die Aufgabe zu prüfen, ob die Willensdurchsetzung erfolgreich abgeschlossen worden ist. Kontrolle und Planung sind voneinander abhängig. Nicht selten führt die Kontrolle zu einer neuen Planung, weil sich durch die Kontrolle die Notwendigkeit für eine Anpassung herausstellt. So wird beispielsweise durch die **Prämissenkontrolle**, einem Teilgebiet der strategischen Kontrolle, überprüft, ob die zugrunde gelegten Prämissen noch gültig sind. Ist das nicht der Fall, wird meistens eine Neuplanung erforderlich.

Der zweite Bereich der Kontrolle ist die **Ergebniskontrolle**. Die Ergebniskontrolle führt in erster Linie einen Soll-Ist-Vergleich durch. Hier werden also Abweichungen errechnet und analysiert. Die Ergebniskontrolle befasst sich jedoch nicht ausschließlich mit den Planabweichungen, sondern auch mit Periodenabweichungen sowie mit externen Betriebsvergleichen usw. Es geht bei der Ergebniskontrolle also auch darum, Entwicklungen über einen längeren Zeitraum zu analysieren und im Vergleich mit anderen Unternehmen zu beurteilen.

Schließlich gibt es als dritten Bereich noch die sogenannte **Prozesskontrolle**, bei der es um die Beurteilung der innerbetrieblich ablaufenden Prozesse geht, wie Materialwirtschaft, Produktionsabläufe, Effizienz eingeführter Verfahren und Arbeitsabläufe sowie Entwicklung und Verhalten des Personals. Die Prozesskontrolle hat die Aufgabe, die einzelnen Verfahren zu überprüfen und ggf. Schwachstellen aufzudecken und zu begründen. Damit sind die einzelnen Phasen von der

Zielsetzung bis zur Kontrolle durchschritten und setzen je nach dem Ergebnis wieder neu in der Planungsphase auf, um aus neuen Erkenntnissen zu neuen Entscheidungen zu kommen.

7.3 Managementtechniken

Unter Managementtechniken versteht man grundsätzlich die Techniken, die von Managern zur Unternehmens- und Mitarbeitersteuerung eingesetzt werden. Hierzu gehören auch die sogenannten **„Management-by-Konzepte"**. Ziel und Besonderheit dieser Konzepte ist es, Verantwortung und Führungsaufgaben auf nachgeordnete Führungsebenen zu übertragen.

> **Die bekanntesten und etablierten Management-by-Konzepte**
> - Management by Exception,
> - Management by Delegation,
> - Management by Objectives.

Die genannten Konzeptionen entstammen der „Management-Philosophie" in den USA und sind in Europa als Management-Techniken verfeinert worden. Insofern ist es nachvollziehbar, dass sich die englischen Ausdrücke „Exception", „Delegation" und „Objectives" hier erhalten haben. In vielen anderen Bereichen würde ich persönlich allerdings die Rückkehr der deutschen Sprache in die Betriebswirtschaft doch sehr begrüßen! – Bitte, wenn es der Motivation von Herrn Mustermann dient, dann nennen Sie ihn gerne „Area Sales Manager", „Field Sales Manager" oder „Account Executive". Ansonsten könnten Sie es aber auch bei seiner bisherigen Bezeichnung „Verkaufsleiter" belassen. – Nun, ich wollte hier keinen Ansatz für eine kontroverse Diskussion liefern. Ich selbst benutze ja selbstverständlich auch englische Begriffe. Mir geht es lediglich darum, einen kleinen Denkanstoß zu geben, ob die benutzten Fremdwörter wirklich der Verständigung in der Sache dienen. – Aber kommen wir zurück zum Management ...

Management by Exception
Bei dieser Managementtechnik (Unternehmungsführung durch Ausnahmeregelung) werden Führungsaufgaben „nach unten" delegiert. Es werden also nachgeordnete Bereiche im Unternehmen mit Aufgaben höherer Führungsebenen betraut. Das System hat zwei Vorteile. Zum einen wird das obere Management von Aufgaben entlastet, zum anderen wird in nachgeordneten Bereichen Eigenverantwortung und Kompetenz ausgeübt. Die „Ausnahmeregelung" tritt dann ein, wenn die definierten Vorgaben für die Führungsaufgaben nicht eingehalten bzw. wenn Planwerte unterschritten werden. In diesem Fall greift das höhere Management in die Abläufe ein.

Diese Art der Unternehmungsführung kann nur funktionieren, wenn ganz klare Vorgaben definiert werden und auch die zulässigen oder nicht akzeptablen Toleranzen unmissverständlich festgelegt sind. Die mit der Durchführung beauftragte untere Führungsebene muss ihre Verantwortung und Kompetenz selbst beurteilen können und auch Möglichkeiten haben, sich in dem vorgegebenen Rahmen zu bewegen. Da sich der ständig erforderliche Soll-Ist-Vergleich primär auf die Gefahr einer Unterschreitung der Sollwerte konzentriert, bei der die höhere Führungsebene eingreift, kann bei Management by Exception sehr leicht ein Motivationsproblem entstehen. Mit Führungsaufgaben betrauten Mitarbeitern tut es gut, auch positive Entwicklungen, die im Soll-Ist-Vergleich mit den Istwerten über den Sollzahlen liegen, gewürdigt zu wissen!

Management by Delegation
Wie schon der Name sagt (Unternehmensführung durch Aufgabenübertragung), werden bei dieser Managementtechnik ebenfalls Führungsaufgaben „delegiert". Bei Management by Delegation geht es darum, den Mitarbeitern ihrer Qualifikation entsprechend höhere Aufgaben zu übertragen.
Wie bei Management by Exception steht der Gedanke dahinter, die Führungsebene möglichst zu entlasten und in nachgeordneten Bereichen Führungsaufgaben wahrnehmen zu lassen. Dies bedeutet jedoch nicht: „Sie dürfen mal, bis Sie die Vorgaben überschreiten oder nicht einhalten", sondern hier wird tatsächlich Eigenverantwortung und Kompetenz für ein Aufgabengebiet übertragen und auch in der Stellenbeschreibung des betreffenden Mitarbeiters definiert. Die delegierten Führungsaufgaben werden also mit voller Kompetenz und in Eigenverantwortung wahrgenommen.
Wichtig ist dabei natürlich, dass der Umfang der Tätigkeit und der Verantwortung klar festgelegt ist. Wenn der Mitarbeiter nicht das Gefühl bekommt, dass hier reine Routinearbeiten an ihn delegiert worden sind, fördert diese Managementtechnik durchaus die Motivation und somit auch die Arbeitsfreude und Arbeitsleistung der nachgeordneten Führungsebenen.

Management by Objectives
Management by Objectives ist die Unternehmungsführung durch Zielangabe.
Diese Managementtechnik klingt sehr interessant, ist aber oft schwierig umzusetzen. Wenn man ihr Prinzip kennt, weiß man warum. Management by Objectives folgt einer Zielangabe, die gemeinsam vom Topmanagement und den Mitarbeitern erarbeitet, definiert und umgesetzt wird.

Das ist fast wie ein Familienrat, der den großen Sommerurlaub plant: „Jetzt setzen wir uns mal alle an einen Tisch und dann wird beschlossen, wie wir das am besten alles machen." Das klingt doch im Grunde sehr sympathisch.

Die Unternehmensziele werden also in Einzelziele zerlegt und diese gemeinsam zwischen den Führungskräften und den weiteren Mitarbeitern geplant und ausgearbeitet, um sie später auch so umzusetzen. Die Management-Ebene legt also gemeinsam mit den Mitarbeitern **Zielvereinbarungen** fest, nach denen dann wiederum die Mitarbeiter sozusagen ergebnisorientiert tätig werden. Da die Mitarbeiter an der Planung und Entscheidungsfindung direkt beteiligt sind, wird ein hohes Maß an Motivation zur Erreichung der Ziele eingebracht. Dies kann durch einen zusätzlichen finanziellen Anreiz für die Mitarbeiter noch erhöht werden.

Vielfach erfolgt Management by Objectives im Rahmen einer vereinbarten Laufzeit. Zwischenzeitliche Kontrollen werden möglichst durch Gespräche über bisherige Ergebnisse ergänzt. Management by Objectives ist also durchaus eine ergebnisorientierte Managementtechnik.

Management by Results
Nicht zu verwechseln mit dem oben beschriebenen Management by Objectives ist das sogenannte Management by Results, das ebenfalls eine „ergebnisorientierte Unternehmungsführung" beinhaltet. Allerdings handelt es sich hier um eine Managementtechnik autoritärer Art: Hier gibt das Management klare Ziele und Ergebnisse als Leistungssoll vor, die ohne Mitspracherecht und ohne Gestaltungsmöglichkeit der Mitarbeiter erreicht werden sollen und durch permanente Leistungskontrollen überprüft werden.

Ich halte es für fragwürdig, ob man hierbei überhaupt von einer Managementtechnik sprechen kann. – Selbstverständlich brauchen wir Ziele, Ergebnisvorgaben und ein festgelegtes Leistungssoll, ebenso wie deren Kontrollen. Aber dieser Ansatz hat doch eher was von: „Das erwarte ich! Du machst das jetzt! Basta!"

Es gibt auch verschiedene Mischformen aus den unterschiedlichen Managementtechniken, wobei sie alle nicht ohne Vorgaben und ohne eine Kontrolle auskommen.

7.4 *Führungsstil und Motivation*

Welcher Führungsstil ist der richtige?
Lassen Sie mich damit anfangen, womit ich im letzten Kapitel aufgehört habe: „Du machst das jetzt! Basta!" – Nein, das ist sicher kein empfehlenswerter Führungsstil und das motiviert auch nicht wirklich! Aber auch auf die Gefahr hin, dass ich bei Ihnen, liebe/r Leser/in, jetzt einen eventuell noch vorhandenen Rest an Sympathie verspiele: In einem langen Berufsleben begegnen einem Situationen und Mitarbeiter, denen man das am liebsten einmal sagen möchte, auch wenn es so gar nicht dem eigenen Führungsstil entspricht. Na gut, nicht „Du", sondern „Sie". – „Sie machen das jetzt! Basta!". Es entspannt mich, dies bei dem Gedanken an so manche persönlich erlebte Situation hier gesagt haben zu dürfen.

> **Personalführung** ist **Mitarbeiterführung** und **Menschenführung**.

Betriebswirtschaftlich ist mit allen drei vorstehenden Begriffen das Gleiche gemeint: Auf welche Art und Weise – mit welchem **Führungsstil** – gehen Vorgesetzte bei der Ausübung ihrer Führungsaufgaben mit den Mitarbeitern um? Es ist unvermeidbar, dass es einen oder mehrere Chefs gibt und dass diese Vorgaben machen und Anweisungen geben, die zu befolgen sind. Aber **wie** das geschieht, ist eine ganz andere Frage. Auch in den Unternehmen trifft man auf verschiedene Führungsstile, die mit den Begriffen „diktatorisch oder demokratisch" ebenso vergleichbar sind wie mit „autoritär oder antiautoritär". – In der Tat, es gibt ihn, den **autoritären Führungsstil**.

„Autoritärer Führungsstil"

§ 1 Der Chef hat immer recht.
§ 2 Es gibt Ausnahmen.
§ 3 Im Falle einer Ausnahme gilt § 1.

Damit sind wir wieder fast beim „Basta!" angekommen. Es ist heute kaum noch vorstellbar, dass dies früher der am meisten verbreitete Führungsstil war. Der Chef „herrscht" mit uneingeschränkter Macht und erteilt Befehle, was zu tun und was zu lassen ist. Der autoritäre Führungsstil zeichnet sich auch dadurch aus, dass sich der Vorgesetzte als Person von den Mitarbeitern stark abgrenzt und unnahbar bleibt. Eine kreative Mitwirkung der Mitarbeiter ist hierbei ausgeschlossen. Sie haben widerspruchslos das zu tun, was ihnen vorgegeben wird und die Anweisungen ihres „Dienstherren" kritiklos zu befolgen. Mitarbeitermotivation ist bei diesem Führungsstil nicht möglich.

Auch beim **patriarchalischen Führungsstil** hätte Paragraph 1 „Der Chef hat immer recht" Gültigkeit; denn auch hier trifft der Vorgesetzte alleine die Entscheidungen. Diesen Führungsstil treffen wir auch heute noch in vielen kleineren und mittleren Betrieben an, insbesondere auch in traditionsreichen Familienbetrieben. Wir kennen das u. a. aus einigen verfilmten Firmengeschichten. Der wesentliche und sympathische Unterschied zum autoritären Führungsstil besteht darin, dass sich der Vorgesetzte mit patriarchalischem Führungsstil, nennen wir ihn den Patriarchen, für seine Mitarbeiter verpflichtet fühlt und einsetzt. Auch wenn er die alleinigen Entscheidungen trifft, bezieht er die Mitarbeiter in der Regel dadurch mit ein, dass er sie über Hintergründe informiert und ihm daran gelegen ist, dass seine Mitarbeiter die Unternehmensziele kennen und befürworten. Dies hat zur Folge, dass Mitarbeiter in patriarchalisch geführten Unternehmen zum Teil sogar hochmotiviert sind und ihren Chef geradezu „lieben". Einerseits wird patriarchalischen Managern großer Respekt entgegen gebracht, andererseits werden sie vielfach der ihnen zugesprochenen Vaterrolle gerecht und lassen die Mitarbeiter erkennen und spüren, dass sie für jeden von ihnen da sind und auch ihre Sorgen und Probleme nicht ignorieren. Ein solches Arbeitsverhältnis schafft Vertrauen und kann für sehr große Zufriedenheit sorgen.

Bei einem **kooperativen Führungsstil** kooperieren Vorgesetzte und Mitarbeiter, indem sie gemeinsam planen und Ideen und Vorschläge einbringen. Das setzt bei den Mitarbeitern ein hohes Maß an Kreativität und Selbstbewusstsein voraus.

Auch wenn die Führungskraft hierbei letztendlich aus den Vorschlägen die Entscheidungen trifft, was davon umgesetzt und was nicht umgesetzt werden soll, setzt dieser Führungsstil auch bei dem Vorgesetzten Teamfähigkeit und die Bereitschaft voraus, neue Gedankengänge zuzulassen und auf ihre Anwendbarkeit hin zu untersuchen. Respekt vor dem Gesprächspartner und dessen Ansichten und Vorschlägen ist hier Voraussetzung. Entscheidungen mit zu treffen, mit zu tragen und an deren Erfolg zu partizipieren, setzt bei den Mitarbeitern entsprechende Einsatzbereitschaft und Motivation frei. Mit „partizipieren" ist hier weniger ein finanzieller Anreiz, als vielmehr die persönliche Befriedigung gemeint, positive Auswirkungen und Erfolge aus eigenen Vorschlägen verfolgen zu können. Gemeinsame Erfolgserlebnisse können auch für künftige Aufgaben und Ziele sehr befruchtend sein. Wer einen kooperativen Führungsstil in diesem Sinne wählt und damit erfolgreich ist, muss natürlich auch als Führungskraft das Format haben, die Erfolge mit allen Beteiligten zu teilen. Kooperativ planen heißt, auch im Erfolgsfall kooperativ bleiben! Ein Führungsstil ist keine einzelne Maßnahme, sondern die Art der Menschenführung im Unternehmen.

Zusammenfassend bleibt festzustellen, dass wir es hier im Wesentlichen mit zwei Systemen der Menschenführung zu tun haben – der autoritären einerseits und der partnerschaftlichen andererseits. Eine grundsätzliche Entscheidung über die Richtigkeit des einen oder des anderen Führungsstils kann nicht getroffen werden. Das hängt auch sehr von Strukturen, Unternehmungen und Persönlichkeiten ab. Der kooperative Führungsstil wird teilweise auch als demokratischer Führungsstil bezeichnet. Man könnte in der Unterscheidung auch noch weiter gehen und sagen, dass ein **demokratischer Führungsstil** voraussetzt, dass alle Beteiligten mit fast gleichem Stimmrecht demokratisch entscheiden, der Vorgesetzte die Entscheidungen lediglich koordiniert und, wo es nötig wird, Prioritäten setzt.

Unter dem vielfach verwendeten Begriff **situativer Führungsstil** versteht man, dass sich die Führungskraft jeweils des Führungsstils bedient, der ihr bei einer bestimmten Aufgabenstellung oder in einer bestimmten Situation angemessen und vorteilhaft erscheint.

Motivation der Mitarbeiter

Es ist selbstverständlich, dass der Führungsstil Einfluss auf die **Motivation** der Mitarbeiter hat. Das haben wir bereits anhand der verschiedenen Führungsstile hinlänglich erläutert. Die **Wichtigkeit der Motivation** von Mitarbeitern wird vielfach unterschätzt und kann gar nicht genug betont werden. Wenn Mitarbeiter nicht motiviert sind, kann das für ein Unternehmen unter Umständen sogar existenzbedrohend werden.

> Unter **Motivation** versteht man die in einer Handlung wirksamen Motive, die das individuelle Verhalten aktivieren und regulieren.
> In welchem Maße die Motive wirksam werden, hängt unter anderem von der jeweiligen Erreichbarkeit der Ziele ab.

Aus psychologischer Sicht kann also durchaus „Strafe" und „Lob" gleichermaßen motivierend wirken. Wenn wir hier jedoch eine betriebswirtschaftliche Betrachtung anstellen und von Motivation der Mitarbeiter sprechen, soll das individuelle Verhalten derart aktiviert werden, dass die Mitarbeiter zum Wohle des Unternehmens tätig werden **wollen** und aus eigenem Antrieb das Optimum ihres Leistungsvermögens abrufen. Motor für diesen eigenen Antrieb sind zwei wesentliche Bereiche:
- **Selbstverwirklichung** und **Anerkennung** einerseits,
- **Belohnung** und **Aufstieg** andererseits.

Erstrebenswert aus Unternehmersicht wäre als dritter Bereich das **Wir-Gefühl** bei den Mitarbeitern. Wenn das gelingt, kann Beruf zur Berufung werden, und Arbeit ist nicht Job, sondern Teil der Erfüllung.

Grundsätzlich wird in Bezug auf die Motivation unterschieden zwischen
- **intrinsischen Motiven** (z. B. Selbstverwirklichung) und
- **extrinsischen Motiven** (z. B. Belohnung).

Während Menschen durch ihre physiologischen und sozialen Bedürfnisse extrinsisch motiviert sind, bedarf es zur intrinsischen Motivation eines inneren Antriebes. Und hier setzt die Aufgabe des Führungspersonals an, das dazu nötige Interesse der Mitarbeiter bis hin zur Begeisterungsfähigkeit zu wecken.

> Mit anderen Worten: Die Kunst, die Mitarbeiter zu motivieren.

Es gibt verschiedene Motivationstheorien, auf die ich hier jedoch nicht näher eingehen möchte. Erwähnt sei der Motivationstheoretiker Abraham Maslow mit seiner „Bedürfnishierarchie", in der er die menschlichen Bedürfnisse in Gruppen darstellt und die Theorie vertritt, dass der Mitarbeiter erst zu einer höheren Stufe motiviert werden kann, wenn er die niedrigere Stufe erreicht hat. Das würde bedeuten, dass Bedürfnisse nach Selbstverwirklichung erst dann gegeben sind, wenn beispielsweise die sozialen Bedürfnisse bereits befriedigt sind. Ebenfalls bekannt ist die Zweifaktorentheorie von Frederick Herzberg, der in Hygienefaktoren und Motivatoren unterteilt, wobei Frustfaktoren im Bereich Arbeitsplatz, Vorgesetzte und Kollegen als möglicher „Frust" empfunden werden können und Motivatoren in den Bereichen persönliche Verantwortung, Aufstiegsmöglichkeiten und Anerkennung liegen.

Nachstehend finden Sie eine von mir willkürlich zusammengewürfelte Aufstellung von Vorgängen und Situationen, die zur Motivation von Mitarbeitern beitragen oder beitragen können. Dabei ist zu berücksichtigen, dass zum Beispiel nicht jeder Mitarbeiter durch Geld zu motivieren ist, dass es vorübergehende Motive gibt und deren Bedürfnisbefriedigungen zum Teil sogar demotivierend sein können. So spielt zum Beispiel die intrinsische Motivation bei den meisten Arbeitsverhältnissen im Unternehmen eine größere Rolle als die extrinsische Motivation.

> **Möglichkeiten zur Motivation der Mitarbeiter**
>
> - Anreize, z. B. die Aussicht auf Beförderung, mehr Gehalt oder einen Firmenwagen,
> - Arbeitsfreude,
> - Bedürfnisse und Wünsche,
> - Selbstverwirklichung,
> - ein angenehmer Arbeitsplatz,
> - Konkurrenz,
> - das Gefühl der leistungsgerechten Bezahlung,
> - Lob,
> - gemeinsame Ziele mit dem Führungspersonal,
> - ein gutes Betriebsklima,
> - das Bewusstsein, gebraucht zu werden,
> - über Unternehmensziele informiert zu sein,
> - ein sicherer Arbeitsplatz,
> - verständnisvolle/ begeisterungsfähige Vorgesetzte,
> - soziale Einrichtungen,
> - Vertrauen,
> - das Gefühl der Wertschätzung,
> - neue Arbeitsmittel,
> - Befugnisse und Titel,
> - erzeugtes Wir-Gefühl.

Sie könnten sicherlich einige Dinge hinzufügen, von denen Sie sich noch zusätzlich motivieren lassen, und ebenso einige Motive streichen, die keinen Einfluss auf Ihre persönliche Motivation haben oder sogar demotivierend wirken können. Hier spielen immer auch persönliche Erfahrungen eine Rolle. Ebenso können Ansprüche von Partner und Familie kurzfristige Motivationen freisetzen. – Und grundsätzlich gilt:

> Weil sie sich abnutzt, muss Motivation immer wieder neu erfunden werden!

8 Controlling im Unternehmen

Das englische „to control" in der Übersetzung und im Sinne von „kontrollieren" wird weder der Aufgabe noch der Bedeutung des Controllings gerecht. Der Controller ist kein Kontrolleur, seine Aufgabe besteht nicht darin, Tatbestände zu kontrollieren, sondern dem Unternehmen Steuerungsinstrumente zu schaffen.

„To control" bedeutet auch „beaufsichtigen, überwachen, beherrschen" und „Controller" auch „Aufseher, Leiter, Geschäftsführer". Ich bin völlig ungeeignet, die englische Sprache zu erklären. Mich überfordert schon die Frage „How are you?" Obwohl ich festgestellt habe, dass das viele nicht einmal so genau von sich selbst wissen. – Ich werde mich also da, wo es nicht unvermeidbar ist, auch weiterhin der deutschen Sprache bedienen.

In betriebswirtschaftlichen Zusammenhängen ist „to control" mit „lenken, steuern, planen" zu übersetzen.

> Das **Controlling** unterstützt die Unternehmensleitung durch die Erarbeitung und Bereitstellung von Steuerungs-, Führungs- und Planungsinstrumenten.

Insofern ist das Controlling unmittelbar an den Vorgaben zur Erreichung der Unternehmensziele beteiligt. Das bedeutet gleichzeitig, dass das Controlling im Unternehmen eine Koordinationsfunktion wahrnimmt, die sich über Planung, Information, Personalführung, Kontrolle und Organisation erstreckt. Controlling kann eine Stelle oder Person im Unternehmen sein, in erster Linie ist es jedoch ein funktionelles Aufgabengebiet.

Ob die Wahrnehmung der Aufgaben durch einen Controller erfolgt, hängt vom jeweiligen Unternehmen ab. Controlling kann z. B. auch von einem Mitglied der Geschäftsführung oder einer Person aus dem Management neben den originären Aufgaben wahrgenommen werden. Dabei spielt natürlich auch die Größe des Unternehmens eine gewichtige Rolle. Je größer das Unternehmen, desto eher wird man eine Stabsstelle „Controlling" benötigen bzw. einen Controller beschäftigen, der sich voll und ganz dieser Aufgabe widmet. Insbesondere in Betrieben, in denen ein derartiges Steuerungsinstrument bisher nicht vorhanden war, ist ein Controller unter Umständen mehrere Jahre damit beschäftigt, ein umfassendes und funktionierendes Controlling-System einzuführen. (Einzelheiten zu den Planungsinstrumenten: Kap. 11.)

Das Controlling unterteilt sich je nach dem gesetzten Zeitrahmen in einen operativen und einen strategischen Bereich.

Das **operative Controlling** bewegt sich in der Regel im Zeitrahmen von einem Jahr. Dabei geht es darum, abgelaufene Perioden zu analysieren und bevorstehende Perioden zu budgetieren. Dazu werden Teilpläne erstellt, die ihre Zahlen aus den einzelnen Funktionsstellen des Unternehmens zusammentragen und zu einem kurzfristigen Budget machen. So werden beispielsweise mit den einzelnen Kostenstellen-Verantwortlichen die in ihren Bereichen zu erwartenden Kosten und Erlöse geplant und interpretiert, um diese später im Soll-Ist-Vergleich zu verfolgen und sich ergebende Abweichungen ebenfalls wieder zu analysieren und zu interpretieren. Ziel ist es dabei, die Wirtschaftlichkeit und Rentabilität sowohl der Funktionsstellen als auch des Unternehmens zu überwachen und gleichzeitig deren Verhalten und Auswirkungen auf das gesamte Unternehmensziel zu kontrollieren.

Das **strategische Controlling** befasst sich hingegen mit der längerfristigen Planung bis hin zur Unternehmenssicherung insgesamt.

In beiden Bereichen – sowohl im operativen, wie auch im strategischen Controlling – geht es darum, der Unternehmensleitung zuverlässige, aussagekräftige und wirksame Steuerungsinstrumente zur Verfügung zu stellen. Während sich also der operative Bereich mit monatlicher, quartalsweiser und jährlicher Planung befasst, umfasst der strategische Bereich Zeiträume von bis zu zehn Jahren und ist somit gezwungen, in seine Planungen auch Überlegungen der wirtschaftlichen und technologischen Entwicklung einzubeziehen, die das Unternehmen selbst unter Umständen gar nicht beeinflussen kann. Dabei ist im Rahmen der Zukunftssicherung die Ausrichtung auf die Marktposition und Wettbewerbsfähigkeit des eigenen Unternehmens ein wichtiger Faktor. Da über einen derartig langen Zeitraum auch die politische Entwicklung, der Verlust von vorhandenen Absatzmärkten und die Möglichkeit der Erschließung neuer Absatzmärkte usw. gravierende Auswirkungen auf die strategische Planung haben können, sind solche langfristigen Planungen natürlich nicht ohne das Risiko hoher Abweichungen möglich. Das macht deutlich, dass eine aussagekräftige und nachvollziehbare Dokumentation und Überwachung langfristiger Planzahlen nötig ist, um insbesondere im strategischen Bereich zwischenzeitliche Anpassungen der Pläne vornehmen zu können, die der veränderten Situation gerecht werden.

Ein gravierendes Beispiel für eine negative Entwicklung könnte eine weltweite Wirtschaftskrise sein, ein gravierendes Beispiel für eine positive Entwicklung die Erschließung neuer Absatzmärkte. Grundsätzlich sollte ein Unternehmen dabei nicht auf ein gegenseitiges Deckungsprinzip setzen, bei dem die Unterschreitung eines Planansatzes durch die Überschreitung eines anderen Planansatzes kompensiert wird. Vielmehr müssen die einzelnen Veränderungen und ihre Auswirkungen auf die Planung und den Soll-Ist-Vergleich offengelegt und erläutert werden.

> Während die Führungsebene des Unternehmens für das Unternehmensziel und somit auch für die inhaltliche Planung verantwortlich ist, ist der **Controller** für das Planungssystem, für dessen Erstellung und Ausgestaltung und für die Plankoordination verantwortlich.

Dies bedeutet nichts anderes, als dass der Controller die Planungsunterlagen erstellt – das ist durchaus auch im Sinne von Formularen zu verstehen –, er gibt die einzelnen Planungsschritte sachlich und zeitlich vor und koordiniert diese. Die dabei in den einzelnen Funktionsstellen des Unternehmens erstellten Teilpläne werden dann vom Controller auf ihre Plausibilität hin überprüft, ggf. mit den Bereichsverantwortlichen diskutiert, und schließlich zum Gesamtplan zusammengefasst.

9 Finanzwirtschaft

Der Begriff „Finanzwirtschaft" begegnet uns auch als **öffentliche Finanzwirtschaft** und befasst sich dort mit der Gebarung von Einnahmen und Ausgaben sowie mit der Vermögens- und Schuldenverwaltung im öffentlichen Dienst. Hier ist also die Finanzwirtschaft Bestandteil der Finanzpolitik für Bund, Länder, Gemeinden und öffentliche Körperschaften. Im Gegensatz zur Unternehmenspolitik ist die Finanzpolitik des öffentlichen Dienstes nicht auf Gewinnerzielung ausgerichtet, sondern auf die Erfüllung der öffentlichen Aufgaben wie Verteidigung, Rechtspflege, öffentliche Ordnung und Sicherheit, Bildungswesen, Gesundheitswesen usw. im Rahmen eines sogenannten Haushaltsplans. Durch die teilweise hohe Kreditinanspruchnahme der öffentlichen Hand sind auf der Ausgabenseite die Zinsen zum Teil zu einem enormen Posten angewachsen, der Unsummen von Einnahmen respektive von Steuergeldern verschlingt. Auf der Einnahmeseite stehen in erster Linie die Steuern, danach die Gebühren und sonstige Einnahmen. – Ich will das hier nicht weiter bewerten, aber Bund, Länder und Gemeinden stünden vermutlich heute besser da, wenn in der Vergangenheit nach betriebswirtschaftlicher Vernunft geplant und verfahren worden wäre.

Uns interessiert hier die Finanzwirtschaft aus betriebswirtschaftlicher Sicht im Rahmen der Unternehmen. Die Finanzwirtschaft ist der **geldwirtschaftliche Prozess** des Unternehmens. Er lässt sich unterteilen in die Bereiche
- Finanzierung,
- Investition,
- Risikomanagement.

> **Aufgabe der Finanzwirtschaft** ist die Beschaffung von Eigenkapital und Fremdkapital.

Dem geldwirtschaftlichen Prozess steht der **güterwirtschaftliche Prozess** im Unternehmen gegenüber. Ohne die erforderlichen finanziellen Mittel ist der güterwirtschaftliche Prozess von der Materialwirtschaft über die Produktion bis hin zum Absatz der Güter nicht möglich, das Unternehmen ohne Kapital nicht funktionsfähig. – „Ohne Moos nix los", das gilt auch hier!

9.1 Finanzierung

Kapital ist nicht nur einer der Produktionsfaktoren, wie wir das aus der Volkswirtschaft kennen, sondern betriebswirtschaftlich gesehen die einem Unternehmen zur Verfügung stehenden finanziellen Mittel. Wir kennen für die Passivseite der Bilanz den Begriff „Mittelherkunft". Dabei wird unterteilt in
- Eigenkapital und
- Fremdkapital.

Man spricht auch von den Vermögensquellen, im Gegensatz zu den Vermögenswerten, die diesen auf der Aktivseite der Bilanz gegenüberstehen. Eigenkapital oder Fremdkapital, das richtet sich also nach der Quelle, aus der die Mittel kommen. Das Eigenkapital „gehört" dem Unternehmen. Das Fremdkapital gehört dem Unternehmen nicht, es sind Schulden.
Je nachdem, ob Kapital von „innen" aus dem Unternehmen heraus erwirtschaftet wird, oder ob es von „außen" beschafft wird, unterscheidet man zwischen
- Innenfinanzierung und
- Außenfinanzierung.

Innenfinanzierung
Die Innenfinanzierung erfolgt aus dem Umsatzprozess des Unternehmens.

Außenfinanzierung
Die Außenfinanzierung stellt sich vielschichtiger dar. Auch im Bereich des Eigenkapitals gibt es eine Außenfinanzierung, indem Anteilseigner dem Unternehmen Kapital zur Verfügung stellen. Reichen die eigenen Mittel nicht aus, muss außerhalb des Unternehmens Kapital aufgenommen werden. Dies kann durch Kapitalerhöhung, durch Erhöhung der Anteile der Gesellschafter oder auch durch die Aufnahme neuer Anteilseigner im Rahmen des Eigenkapitals erfolgen, ansonsten durch Fremdmittel und Kreditfinanzierung, also durch Fremdkapital. Zum Eigenkapital sei noch erwähnt, dass es auch durch nicht ausgeschüttete Gewinne erwirtschaftet werden kann. Die wesentlichen Posten des Fremdkapitals sind aufgenommene Hypotheken, Darlehen, Kredite, Verbindlichkeiten aus Warenlieferungen und Leistungen, Rückstellungen und sonstige Verbindlichkeiten.
Während das Eigenkapital dem Unternehmen dauerhaft zur Verfügung steht, ist das Fremdkapital befristet verfügbar. Dabei kann es sich um langfristige, mittelfristige und kurzfristige Verbindlichkeiten handeln. Dies ist insofern von Bedeutung, als die Sicherheit der verfügbaren liquiden Mittel davon abhängen kann. Dies ist auch im Zusammenhang mit der Struktur zu sehen und somit mit den Aktiven der Bilanz, den Vermögenswerten, abzugleichen. Für kurzfristig fällige Verbindlichkeiten werden liquide Mittel benötigt, um sie zu begleichen. Da können kurzfristige Forderungen zum Beispiel rechtzeitig zu Geldeingängen führen, um damit wiederum kurzfristige Verbindlichkeiten bei deren Fälligkeit zu begleichen. Das Anlagevermögen auf der Aktivseite der Bilanz ist uns dazu jedoch als Vermögenswert wenig hilfreich, da es dauerhaft dem Betrieb dienen soll und somit zu keinem Liquiditätszuwachs führt. Die richtige Schlussfolgerung daraus ist, dass die Anlagegüter durch Eigenkapital oder zumindest langfristiges Fremdkapital gedeckt sein sollten. Die Finanzierung hat die Aufgabe, die Liquidität sicherzustellen und das Unternehmen mit ausreichendem Kapital auszustatten, das es ihm ermöglicht, konkurrenzfähig und wirtschaftlich zu arbeiten. Dazu gehört auch, neben dem laufenden Umsatzprozess die Finanzmittel für notwendige Investitionen bereitzustellen.

Ausführliche Erläuterungen zur Finanzplanung finden Sie in Kap. 6.3.8, einschließlich der geläufigen betrieblichen Kennziffern, Liquiditätsstatus, Kapitalbedarfsrechnung und eines Finanzplanes.

Besteht ein zusätzlicher Finanzbedarf und kann dieser nicht aus Eigenkapital gedeckt werden, wie zum Beispiel durch Inhaber- oder Gesellschaftereinlagen oder bei Aktiengesellschaften durch die Ausgabe neuer Aktien, bleibt die Möglichkeit der Finanzierung durch Fremdkapital.

9.1.1 Möglichkeiten der kurzfristigen Fremdfinanzierung

Lieferantenkredit

Eine Möglichkeit kurzfristiger Fremdfinanzierung sind **Lieferantenkredite**. Es hört sich sehr verlockend an, wenn Lieferanten ihren Kunden Zahlungsziele einräumen. In den meisten Fällen ist dies jedoch nur dann sinnvoll, wenn nicht alternativ für vorzeitige Zahlung Skonto gewährt wird und wenn keine Möglichkeit besteht, den kurzfristigen Finanzbedarf über einen Bankkredit aufzufangen. Für die Inanspruchnahme von Lieferantenskonti rechtfertigt und lohnt sich immer eine Kreditaufnahme bei einem Kreditinstitut.

> **Beispiel für eine Skonto-Inanspruchnahme**
>
> **Waren-Rechnung 50 000 Euro:**
> Zahlbar netto innerhalb von 30 Tagen oder
> nach 10 Tagen mit Abzug von 3 % Skonto = 1 500 Euro.
>
> **Zinsberechnung:**
> 3 % für 20 Tage entspricht einem Jahreszins von 3 × 18 = 54 % **Zinsen!**

Es bedarf eigentlich nicht mehr des ausdrücklichen Hinweises, dass keine Bank so hohe Zinsen für einen kurzfristigen Kredit berechnen wird! Auch 2 % Skonto für eine Zahlung 20 Tage vor Fälligkeit entsprechen immerhin noch einem Zinssatz von 36 % und sind in jedem Fall eine lohnenswerte Verzinsung.

Manche Unternehmen sind auf einen schnellen Geldeingang angewiesen, außerdem mindert das Skonto-Angebot an Kunden das Kreditrisiko und drittens erwarten viele Kunden einfach auch ein Skonto-Angebot in den Zahlungsbedingungen ihrer Lieferanten. Wirtschaftlich ist das nicht!

Lieferantenkredite können natürlich auch über einen wesentlich längeren Zeitraum vereinbart werden. Erwähnt seien hier die **Kommissionsgeschäfte**, bei denen Waren im eigenen Namen für Rechnung Dritter verkauft werden. Bei einer **Verkaufskommission** bleibt die Kommissionsware so lange Eigentum des Verkäufers, bis die Ware an einen Dritten verkauft ist. Während der **Kommissionär** gemäß HGB gewerbsmäßig Ware für Rechnung eines anderen im eigenen Namen verkauft, finden wir im Handel auch den Begriff „eine Ware in Kommission geben" in dem Sinne, dass sie erst nach Verkauf zu bezahlen ist. Hier liegt also ebenfalls als kurzfristige Fremdfinanzierung ein Lieferantenkredit vor.

Kundenkredit

Auch beim **Kundenkredit** liegt eine kurz- bis mittelfristige Fremdfinanzierung vor. Bei Aufträgen für Geräte und Anlagen sowie bei Großprojekten auch im lohnintensiven Dienstleistungsbereich treffen wir oft die Zahlungskondition an: „Ein Drittel bei Auftragserteilung, ein Drittel bei Übergabe und ein Drittel nach Bestätigung der Abnahme". In diesem Fall ist es den Verhandlungen und Verkaufsgesprächen vorbehalten, aus Sicht des Auftraggebers als Kompensation für den erteilten Auftrag und für die vorzeitige Ratenzahlung z. B. für die im Auftragsvolumen enthaltenen Maschinen oder Anlagen einen Skonto-Abzug „herauszuholen". In diesem Fall würde also der durch Skonto bedingte hohe Zinsverlust bei dem Lieferanten anfallen. Geleistete Anzahlungen auf Anlagen sind beim Käufer als Anlagevermögen auszuweisen, während sie als Erhaltene Anzahlungen beim Lieferanten Fremdkapital und somit Verbindlichkeiten sind.

Kontokorrentkredit

Girokonten von Unternehmen bei Kreditinstituten sind in der Regel mit einer vereinbarten **Kreditlinie** verbunden. Diese kurzfristige Kontenüberziehung wird auch **Kontokorrentkredit** genannt. Auch bei dem Kontokorrentkredit handelt es sich um eine kurzfristige Fremdfinanzierung. Der Vorteil dieser Kreditart liegt in der leichten Handhabung in Verbindung mit klaren Konditionen. Das Konto kann bis zu der vereinbarten Höhe, also bis zum Erreichen der Kreditlinie, jederzeit ohne Rücksprache mit dem Kreditinstitut überzogen werden. Die Zinsen für den Überziehungskredit richten sich zwar nach dem jeweiligen Zinsniveau bzw. nach dem gültigen Leitzins, sind aber doch meistens über einen längeren Zeitraum konstant und sorgen somit kaum für erhebliche negative Überraschungen. Verzinst wird jeweils nur die tatsächliche Inanspruchnahme.

Lombardkredit

„Haben Sie Sicherheiten?" – Kennen Sie das? Wer genug hat, der kriegt von der Bank auch Geld. Wer nichts hat, armer Teufel, der kriegt auch nichts. Sicher hat manch ein Privatmann bei so einem frustrierenden Bankbesuch schon gedacht: Wenn ich ein paar Häuser hätte, dann bräuchte ich Ihren blöden Kredit doch nicht! – Auf das Haus komme ich später zurück. Solche Sicherheiten setzen ja in der Regel langfristige Kredite voraus.

Auch für kurzfristig benötigte Kredite ist es durchaus üblich, dass Kreditinstitute Sicherheiten von Unternehmen verlangen. Pauschal gesagt ist dies immer dann der Fall, wenn der Kreditgeber die Kreditwürdigkeit für den beanspruchten Kredit als nicht ausreichend einschätzt. Das kann bei jungen Unternehmen und bei Unternehmen mit wenig Eigenkapital der Fall sein, das ist vielfach auch der Fall, wenn ein Unternehmen in Liquiditätsschwierigkeiten geraten ist und Kredite gewünscht werden, die über die bereits vorhandene Kreditlinie hinausgehen. Weitere Gründe für das Verlangen nach Sicherheiten können in einer ungünstigen Kapitalstruktur, einer negativen Bilanzanalyse oder schlechten Haftungsverhältnissen liegen. In diesen Fällen versuchen die Kreditinstitute, ihr Kreditrisiko durch Sicherheiten abzusichern. Dies kann durch die Verpfändung beweglicher Sachen geschehen. Man spricht dann von einem **Lombardkredit**. Die „Lombardierung" ist ein Darlehen gegen ein sogenanntes **Faustpfand**. Der Lombardkredit ist ein kurzfristiger Bankkredit, gegen den zum Beispiel marktfähige Waren oder Edelmetalle verpfändet werden. Bei dem Faustpfand, also der verpfändeten beweglichen Sache, kann es sich auch um Einrichtungsgegenstände wie Möbel usw. handeln. Sofern Unternehmen Wertpapiere im Verwahrsam ihres Kreditinstitutes haben, dienen auch diese häufig als Pfand für einen Kredit.

Forderungsabtretung (Zession)
Ebenso wie leicht veräußerbare Vermögensgegenstände, die gegen einen Lombardkredit verpfändet werden, können auch Forderungen aus Warenlieferungen und Leistungen relativ kurzfristig „flüssig" gemacht werden. Deshalb ist es auch möglich, die Forderungen gegen einen kurzfristigen Kredit an ein Kreditinstitut abzutreten. Die **Forderungsabtretung** wird auch **Zession** genannt. Durch die Zession gehen die Forderungen an die Bank über. Dies bedeutet, dass die Bank rechtlich an die Stelle des Gläubigers tritt und somit auch berechtigt ist, die Forderung einzuziehen. Man unterscheidet zwischen der
- offenen Zession und der
- stillen Zession.

Bei der **offenen Zession** teilt die Bank **(Zessionar)** dem Schuldner mit, dass er mit befreiender Wirkung nur noch an den Zessionar zahlen kann. Für das Unternehmen, das die Forderung abtritt **(Zedent)**, hat die offene Zession den großen Nachteil, dass der Schuldner, bei dem es sich ja in der Regel um seinen Kunden handelt, über die Abtretung informiert wird. Dies wirkt sich häufig zusätzlich negativ auf die Beurteilung der Kreditwürdigkeit eines Unternehmens aus.
Bei der **stillen Zession** kann dies (muss aber nicht!) umgangen werden. Der Zessionar, also das Kreditinstitut, verzichtet bei einer stillen Zession darauf, den Drittschuldner über die Forderungsabtretung zu informieren. Das hat zur Folge, dass dieser die Zahlung auch nicht an das Kreditinstitut, sondern an den Zedenten, an seinen ursprünglichen Gläubiger oder Lieferanten, leistet und von der Forderungsabtretung gar nichts erfahren muss. Hier dient also die Forderung der Bank gegenüber als Sicherheit, ohne dass diese direkt darauf zugreift. Dabei spielt natürlich das Vertrauensverhältnis zwischen Unternehmen und Bank eine wesentliche Rolle. Wenn die Bank davon ausgehen kann, dass die Zahlung des Drittschuldners auf dem bei ihr geführten Konto des Zedenten eingeht, hat sie ja bei Geldeingang wieder eine gewisse Zugriffsmöglichkeit, indem sie beabsichtigte Überweisungen von besagtem Konto freigeben oder auch verhindern kann. Es ist dem Kreditinstitut jedoch auch bei der stillen Zession nicht untersagt, den Drittschuldner über die Abtretung zu unterrichten, wenn sie es im Rahmen ihrer Kreditsicherung für erforderlich hält.
Abgesehen von diesen Einzelzessionen besteht auch die Möglichkeit, mit der Bank Mantel- oder Globalzessionen zu vereinbaren. Bei der **Mantelzession** wird der Bank in vereinbarten Zeitabständen immer wieder eine aktuelle Forderungs-

liste vorgelegt, die Gegenstand der Forderungsabtretung ist. Bei einer **Globalzession** gehören alle Forderungen oder eine vereinbarte Gruppe von Forderungen zur Sicherheit der Abtretung, sodass die Bank bereits mit Entstehung der zugehörigen Forderungen hierfür der Gläubiger ist.

Sicherungsübereignung

Ähnlichkeiten mit dem Pfandrecht beim Lombardkredit oder mit der Zession weist auch die sogenannte **Sicherungsübereignung** auf. Auch hierbei wird ein Vermögenswert für die Gewährung eines Kredites übereignet. Das Eigentumsrecht der Bank bzw. des Kreditinstitutes ist dabei nicht uneingeschränkt. Das übereignende Unternehmen bleibt Besitzer des Vermögenswertes und das Eigentum daran geht erst dann an den Kreditgeber über, wenn dessen Forderung fällig ist und nicht bezahlt wird. Bei Rückzahlung des Kredits geht das Eigentum automatisch wieder an den Besitzer über. Der Vorteil einer Sicherungsübereignung liegt darin, dass das Unternehmen uneingeschränkt mit dem übereigneten Vermögenswert arbeiten kann. Deshalb ist ein typischer Übereignungsgegenstand der Fuhrpark bzw. ein Fahrzeug aus dem Eigentum des Unternehmens, das den Kredit benötigt. In diesem Fall lässt sich das Kreditinstitut für die Zeit der Kreditgewährung den Kraftfahrzeugbrief aushändigen, der für das Führen des Fahrzeugs zwar nicht erforderlich ist, aber Eigentumsnachweis ist, ohne den das Fahrzeug nicht veräußert werden kann. Gegenstand einer Sicherungsübereignung können aber auch andere Maschinen und Geräte sein. Werden Waren oder das komplette Warenlager eines Unternehmens sicherungsübereignet, können diese selbstverständlich vom Kreditnehmer veräußert werden, wobei die daraus erzielten Verkaufserlöse entweder zur Rückzahlung des Kredites oder zur Wiederbeschaffung neuer Handelsware dienen, die dann auch im Voraus schon als übereignet gilt.

Der Wechsel

Ein weiteres Mittel zur kurzfristigen Fremdfinanzierung ist der **Wechsel**. Der Wechsel ist in erster Linie ein Kreditmittel und hat als solches sogar eine doppelte Funktion. Während der Lieferant dem Kunden mit dem Wechsel einen Kredit gewährt, kann der Lieferant seinerseits den Wechsel bei seiner Bank zur Diskontierung vorlegen und ihn somit selbst wiederum als Kreditmittel nutzen. Gegenüber der normalen Forderung ist der Wechsel für den Gläubiger eine größere Sicherheit, und zwar aufgrund der strengen Vorschriften des Wechselgesetzes – auch Wechselstrenge genannt – sowie der solidarischen Haftung aller an dem Wechsel Beteiligten. Letzteres sorgt für eine größere Wahrscheinlichkeit, dass der Wechsel am Verfalltag auch eingelöst wird.

Dem **Warenwechsel**, auch als Handelswechsel bezeichnet, liegt ein Waren- oder Dienstleistungsgeschäft zugrunde (im Gegensatz zum Finanzwechsel). Den Warenwechsel stellt der Lieferant zur Sicherung seiner Forderung aus. Der Käufer, auch Bezogener des Wechsels genannt, akzeptiert den Wechsel durch seine Unterschrift. Deshalb spricht man auch von einem Akzept. Der Warenwechsel dient der Verlängerung der Zahlungsfrist (in der Regel 90 Tage). Der Käufer muss also für die bezogene Ware erst nach 90 Tagen den Wechsel einlösen, d. h. zahlen. Für den Verkäufer stellt der Wechsel eine wesentlich größere Sicherheit dar, als wenn er den Kaufpreis einfach nur solange stunden würde. Außerdem hat auch der Verkäufer die Möglichkeit, den Wechsel wieder zu Geld zu machen, indem er ihn bei einer Bank diskontieren lässt. Darauf kommen wir noch zurück.

Auch der Verkäufer kann den Wechsel seinerseits als Zahlungsmittel benutzen und an einen seiner Gläubiger weitergeben. Er kann ihn natürlich auch bis zum Verfalltag (**Fälligkeit**) in seinen Tresor legen.

Ein großer Vorteil des Warenwechsels liegt wie gesagt darin, dass die bezogene Ware erst nach 90 Tagen bezahlt zu werden braucht. Bei guter Disposition kann bis dahin die ganze Lieferung schon wieder an Kunden verkauft worden sein, sodass sich keine Kapitalbindung in den Vorräten ergibt.

> **Diskontierung eines Wechsels** bedeutet, dass man den Wechsel einer Bank vorlegen kann, die den Gegenwert des Wechsels gutschreibt oder auszahlt. Die Bank übernimmt also in diesem Fall bis zur Fälligkeit die Finanzierung des Wechsels.

Wir kennen das typische Bankgeschäft – sie gibt Geld und verlangt dafür Zinsen. Das ist beim Wechsel nicht anders. Der **Wechseldiskont** ist die Verzinsung für das vorzeitig bereitgestellte Geld. Die Bank berechnet also nach einem Zinssatz für Wechseldiskont die anteiligen Zinsen für die noch verbleibende Laufzeit des Wechsels bis zur Fälligkeit und zieht dem Einreicher diesen Diskont bei Auszahlung von der Wechselsumme ab. Zusätzlich zum Diskont berechnet die Bank Gebühren, die sogenannten **Wechselspesen**.

Buchhalterisch unterscheidet man zwischen
- Schuldwechsel und
- Besitzwechsel.

Der **Schuldwechsel** entsteht aus der Annahme, also dem Akzept, eines gezogenes Wechsels oder durch Ausstellung eines eigenen, des sogenannten Solawechsels. Schuldwechsel sind Wechselverbindlichkeiten. Der **gezogene Wechsel** ist eine Zahlungsanweisung des Ausstellers an den Bezogenen, eine bestimmte Geldsumme zu einem bestimmten Zeitpunkt zu zahlen. Erkennt der Bezogene das durch seine Unterschrift an, wird aus der sogenannten **Tratte** ein **Akzept**. Damit ist aus der Zahlungsanweisung eine Zahlungsverpflichtung geworden. Beim **Solawechsel (eigener Wechsel)** tritt an die Stelle der Zahlungsanweisung das Zahlungsversprechen des Ausstellers. Was für den einen Geschäftspartner der Schuldwechsel ist, ist für den anderen der Besitzwechsel und umgekehrt. Indem wir als Bezogener einen Schuldwechsel haben, ist dies für den Lieferanten ein **Besitzwechsel**. Das Unternehmen hat also mit dem Schuldwechsel ein längeres Zahlungsziel und somit eine kurzfristige Fremdfinanzierung erreicht. Der Lieferant wiederum kann seinen Besitzwechsel der Bank zur Diskontierung vorlegen und somit ebenfalls aus seinem Vermögenswert „Besitzwechsel" eine kurzfristige Fremdfinanzierung, den **Wechselkredit**, machen.

9.1.2 Möglichkeiten der langfristigen Fremdfinanzierung

Auch bei der langfristigen Fremdfinanzierung gibt es verschiedene Möglichkeiten der Kapitalbeschaffung. In der Regel ist eine langfristige Fremdfinanzierung zinsgünstiger als eine kurzfristige. Demgemäß stehen bei der langfristigen Fremdfinanzierung die für die Kreditgewährung verlangten Sicherheiten noch stärker im Blickpunkt.

Die Bitte von dem Kollegen auf der Galopprennbahn: „Leih mir mal'n Tausender, kriegst du nach dem Rennen wieder", klingt ja für Sie als potenziellen Geldgeber auch vertrauenswürdiger, als wenn er sagen würde: „Zahl' ich dir in fünf bis zehn Jahren zurück."

Darlehen
Der wohl geläufigste Begriff für langfristiges Fremdkapital und somit für eine langfristige Fremdfinanzierung ist wohl das **Darlehen**. Die Pflichten beim Darlehensvertrag sind im § 488 BGB geregelt.

> **§ 488 BGB – Vertragstypische Pflichten beim Darlehensvertrag**
> 1. Durch den Darlehensvertrag wird der Darlehensgeber verpflichtet, dem Darlehensnehmer einen Geldbetrag in der vereinbarten Höhe zur Verfügung zu stellen. Der Darlehensnehmer ist verpflichtet, einen geschuldeten Zins zu zahlen und bei Fälligkeit das zur Verfügung gestellte Darlehen zurückzuzahlen.
> 2. Die vereinbarten Zinsen sind, soweit nicht ein anderes bestimmt ist, nach dem Ablauf je eines Jahres und, wenn das Darlehen vor dem Ablauf eines Jahres zurückzuzahlen ist, bei der Rückzahlung zu entrichten.
> 3. Ist für die Rückzahlung des Darlehens eine Zeit nicht bestimmt, so hängt die Fälligkeit davon ab, dass der Darlehensgeber oder der Darlehensnehmer kündigt. Die Kündigungsfrist beträgt drei Monate. Sind Zinsen nicht geschuldet, so ist der Darlehensnehmer auch ohne Kündigung zur Rückzahlung berechtigt.

Die Laufzeit von Darlehen beträgt in der Regel mehrere Jahre. Auch wenn die Tilgung am Ende der Laufzeit in einer Summe erfolgen kann, ist es üblich, Tilgungsraten zu vereinbaren und auch zu leisten. Die Teilzahlungen an den Darlehensgeber erfolgen vielfach jährlich, wobei gleichzeitig eine jährliche Tilgungsrate und die jährlichen Zinsen gezahlt werden.

Wie bereits erwähnt, wird eine langfristige Fremdfinanzierung und somit die Gewährung eines Darlehens häufig von Sicherheiten abhängig gemacht. Klassiker ist hierbei die Verpfändung eines Grundstücks, nämlich die **Hypothek**. Wird für eine Darlehensgewährung als Sicherheit Grundvermögen verpfändet, so spricht man von einem **Hypothekardarlehen**. Dazu wird im Grundbuch eine Grundschuld oder eine Hypothek eingetragen, sodass das Grundvermögen in dieser Höhe als Sicherheit dient, aus der sich der Darlehensgeber befriedigen kann, falls der Schuldner zahlungsunfähig wird.

Schuldscheindarlehen
Eine weitere Möglichkeit der langfristigen Fremdfinanzierung ist das **Schuldscheindarlehen**. Hierbei dient als Sicherheit ein **Schuldschein**. Als Darlehensgeber treten hier nicht Banken, sondern überwiegend Versicherungsgesellschaften auf. Auf diese Art und Weise legen Versicherungsunternehmen vielfach ihr Kapital aus Lebensversicherungsprämien an. Allerdings besteht diese Finanzierungsmöglichkeit nur für Großunternehmen mit entsprechender Kapitalausstattung.

Schuldverschreibungen
Bei der **Schuldverschreibung** wird begriffsmäßig zwischen **Anleihen** und **Obligationen** unterschieden. Die Schuldverschreibung ist eine Schuldurkunde, in der sich der Aussteller zu einer verzinslichen Geldleistung verpflichtet. Die Anleihe ist Darlehen und zugleich Wertpapier. Der Emissionsbetrag wird in **Teilschuldverschreibungen** gestückelt und über die Börse verkauft. Somit bieten sich auch Schuldverschreibungen nur für große Industriebetriebe als eine Möglichkeit zur langfristigen Fremdfinanzierung an.
Eine interessante Variante ist die **Wandelschuldverschreibung**. Sie räumt dem Gläubiger das Recht ein, sie innerhalb einer bestimmten Frist in Aktien umzuwandeln.

Bürgschaft
Als bekannte und sehr häufig anzutreffende Kreditsicherheit ist schließlich noch die Bürgschaft zu nennen.

Also, lassen Sie mich beginnen:
„Die Bürgschaft"
Zu Dionys, dem Tyrannen, schlich
Damon, den Dolch im Gewande. [...]
Nein, nein – Friedrich von Schillers berühmte Ballade „Die Bürgschaft" hat natürlich mit BWL rein gar nichts zu tun. – Obwohl: Wenn Sie das handschriftliche Original davon hätten, wäre auch Schillers Bürgschaft heute eine sehr wertvolle Sicherheit!

> Die **Bürgschaft** ist ein einseitig verpflichtender Vertrag, durch den sich der Bürge dem Gläubiger eines Dritten gegenüber verpflichtet, für die Erfüllung einer bestimmten Verbindlichkeit dieses Dritten einzustehen.

So definiert es § 765 BGB. Zweck der Bürgschaft ist die Sicherung der Gläubigeransprüche, falls der Schuldner zahlungsunfähig wird. Der Bürge haftet also nur dann, wenn der Schuldner seiner Verpflichtung zur Zahlung nicht nachkommt. In der Regel sind Bürgschaften unbefristet und erlöschen erst, wenn der Schuldner die geschuldete Summe in voller Höhe bezahlt hat. Ein Bürge hat die **Einrede der Vorausklage**. Das bedeutet, dass der Bürge verlangen kann, dass, bevor er in Anspruch genommen wird, gegen den Hauptschuldner die Zwangsvollstreckung durchgeführt wird.

Die zwei wichtigsten Formen der Bürgschaft sind die **Ausfallbürgschaft** und die **selbstschuldnerische Bürgschaft**. Wie vorstehend erläutert, braucht ein Bürge erst dann zu zahlen, wenn ein Ausfall eingetreten ist, das heißt, wenn die Zwangsvollstreckung gegen den Schuldner durchgeführt worden ist und ergebnislos war. In diesem Fall spricht man von einer **Ausfallbürgschaft**. Der Bürge kann jedoch auf die Einrede der Vorausklage verzichten und selbstschuldnerisch dem Gläubiger gegenüber haften. Damit versetzt er sich in die gleiche Lage wie der Hauptschuldner. Dies nennt man deshalb eine **selbstschuldnerische Bürgschaft**. Der Gesetzgeber nennt das „Ausschluss der Einrede der Vorausklage", geregelt in § 773 BGB. Vollkaufleute haften im Betrieb ihres Handelsgewerbes immer selbstschuldnerisch. Dies ist handelsrechtlich in § 349 HGB geregelt, dort heißt es: „Dem Bürgen steht, wenn die Bürgschaft für ihn ein Handelsgeschäft ist, die Einrede der Vorausklage nicht zu."

Kreditinstitute, die als Sicherheit eine Bürgschaft verlangen, bestehen überwiegend auf selbstschuldnerische Bürgschaften. Vielfach treten aber auch Banken als Bürgen auf, hier kennt man den Begriff **„Bankbürgschaft"**. Hauptsächlich im Bauwesen, bei großen Bauprojekten, werden häufig Sicherheiten für die Erfüllung und Gewährleistung verlangt. Diese Sicherheiten werden oft in Form von sogenannten **Erfüllungsbürgschaften** für die Erfüllung und **Gewährleistungsbürgschaften** für die spätere Gewährleistung geleistet, die von den Hausbanken der Bauunternehmen übernommen werden. Da es sich bei Banken ebenfalls um Vollkaufleute handelt, bürgen auch sie selbstschuldnerisch.

9.2 Investition

Nach der Finanzierung ist die Investition der zweite Bereich des **geldwirtschaftlichen Prozesses** des nternehmens.

> **Investition** ist der Einsatz von Produktionsfaktoren.
> Die im Rahmen der Finanzierung bereitgestellten und verfügbaren Mittel ermöglichen die Durchführung der Investitionsvorhaben.

Der Begriff „Investition" wird unterschiedlich ausgelegt:
- „Gesamtinvestition" schließt neben dem Anlagevermögen auch Rohstoffe und Waren mit ein. Es sind also die Vermögenswerte, die durch die Finanzierung beschafft werden.
- In der betriebswirtschaftlichen Definition ist mit der Investition in der Regel die langfristige Kapitalbindung gemeint, also primär das Anlagevermögen und weniger das Umlaufvermögen.

Zu unterscheiden ist, ob es sich um eine Ersatzinvestition handelt, also wirtschaftlich abgenutzte unbrauchbare Anlagegüter ersetzt werden, oder um eine Erweiterungsinvestition, bei der die bisherige Kapazität erweitert bzw. vergrößert wird.

> Die **Ersatzinvestition**, bei der es nicht um Zuwachs, sondern um den Ersatz der durch die Produktion verbrauchten Sachgüter geht, bezeichnet man auch als **Reinvestition**.
>
> Die **Erweiterungsinvestition** wird auch **Nettoinvestition** genannt.
>
> Die Summe aus Reinvestition und Nettoinvestition ist die **Bruttoinvestition**.

Ersatzinvestitionen und Erweiterungsinvestitionen können eine einheitliche Investitionsmaßnahme darstellen. Dies ist zum Beispiel dann der Fall, wenn alte Maschinen oder Anlagen nicht mehr funktionsfähig sind, anstatt einer reinen Wiederbeschaffung gleichen Typs aber gleichzeitig eine Kapazitätserweiterung vorgenommen wird. Ebenso kann im Rahmen einer Rationalisierung eine Erweiterungsinvestition vorgenommen werden.

Ein weiterer Begriff sollte hier noch erwähnt werden: Wenn sich der Wert der Sachgüter vermindert und Kapital wieder freigesetzt wird, spricht man von einer **Desinvestition**.

Finanzielle Mittel sind begrenzt und Investitionen müssen geplant sein. Man spricht auch von einer **Investitionspolitik** der Unternehmen. Dabei sind verschiedene Faktoren von Bedeutung:

- Investitionsbedarf,
- Investitionsbudget,
- wirtschaftliche Auswirkungen.

Der Bedarf setzt sich aus den Interessen verschiedener Unternehmensbereiche zusammen und führt nach Abwägung von Prioritäten, Durchführbarkeit, Finanzierbarkeit und wirtschaftlichen Auswirkungen zur Investitionsplanung des Unternehmens. Die sogenannte **Investitionsneigung** der Unternehmen hängt unter anderem auch von der Gewinnerwartung sowie der allgemeinen Zinssituation ab. Wenn es zinsgünstige finanzielle Mittel gibt, ist die Neigung zu Investitionen natürlich größer, als in Zeiten mit hohen Kreditzinsen.

9.2.1 Investitionsrechnungsverfahren

Es gibt verschiedene Verfahren der **Investitionsrechnung**. Schwieriger als die Beurteilung der Finanzierung von Investitionen, einschließlich der Zinsauswirkungen, ist die Beurteilung von Produktivität und Wirtschaftlichkeit. Insbesondere bei Rationalisierungs- und Erweiterungsinvestitionen mit Auswirkungen auf den Produktionsbereich stellt sich ja die Frage nach Auslastung, Produktivität und Möglichkeiten einer Wirtschaftlichkeitssteuerung. Eine angestrebte und erreichbare Verbesserung der Wirtschaftlichkeit führt ja überhaupt erst zu der Entscheidung, **Rationalisierungsinvestitionen** durchzuführen. Bei einer **Neuinvestition** stellt sich die Frage nach der Rentabilität, sodass das Hauptaugenmerk der Überlegungen hierbei angestrebte und mögliche **Ertragssteigerungen** sind. Diese unterschiedlichen Gesichtspunkte hinsichtlich der Investitionsarten machen unterschiedliche Investitionsrechnungsverfahren erforderlich.

Statische Investitionsrechnungsverfahren
Bei den statischen Verfahren wird der Faktor Zeit vernachlässigt und mit jährlichen Durchschnittswerten gerechnet. Sie berücksichtigen daher nicht, dass Kosten und Erträge nicht immer gleich bleiben, was natürlich Auswirkungen auf die Anwendbarkeit und Aussagefähigkeit der statischen Verfahren hat. Es kann durchaus sein, dass bei gleicher Kosteneinsparung zweier Investionsmaßnahmen über mehrere Jahre bei einer der beiden der Kapitalrückfluss schneller erfolgt – indem hier in den ersten Jahren beispielsweise ein höherer Kapitalrückfluss erfolgt, der dann in den Folgejahren degressiv abfällt, während der Kapitalrückfluss bei der anderen Investitionsmaßnahme linear verläuft. Die Maßnahmen erscheinen somit durch den Ansatz von Durchschnittswerten gleich, obwohl sie es gar nicht sind. Dennoch werden diese Verfahren wegen ihrer Einfachheit häufig angewendet.

> **Statische Investitionsrechnungsverfahren**
> - Kostenvergleichsrechnung,
> - Gewinnvergleichsrechnung,
> - Rentabilitätsrechnung,
> - Amortisationsrechnung.

Kostenvergleichsrechnung. Bei der Kostenvergleichsrechnung werden entweder die Kosten zwischen vorhandener und geplanter Anlage verglichen oder aber zwischen zwei möglichen neuen Anlagen. In den Kostenvergleich werden sowohl die **Betriebskosten** als auch die **Kapitalkosten** einbezogen. Da sich die Kostenvergleichsrechnung somit auf den Vergleich der Wirtschaftlichkeit alternativer Anlagegüter bezieht, wird sie insbesondere bei **Rationalisierungsinvestitionen** verwendet.

Gewinnvergleichsrechnung. Bei der Gewinnvergleichsrechnung werden im Vergleich der Investitionen auch deren Ertragsauswirkungen in die Investitionsrechnung einbezogen. Damit ist sie insbesondere für **Neuinvestitionen** und für **Erweiterungsinvestitionen** geeignet, weil diese gewinnrelevant geplant werden und sich auf Erträge und Gewinne auswirken. Hierbei werden also durchschnittliche Erträge und Kosten bzw. die daraus resultierenden Gewinne in einer Periode von alternativen Sachanlagen miteinander verglichen. Die Investitionsentscheidung fällt dann zugunsten der Anlage bzw. der Investition mit dem höheren ermittelten Gewinn.

Rentabilitätsrechnung. Man kann sagen, dass die Investitionsrechnungsverfahren aufeinander aufbauen. Während die Gewinnvergleichsrechnung eine Erweiterung der Kostenvergleichsrechnung ist, ist die Rentabilitätsrechnung wiederum eine Erweiterung der Gewinnvergleichsrechnung. – Was ist Rentabilität? – Rentabilität ist der durch das Verhältnis von Gewinn zum Kapital gemessene Unternehmenserfolg. Das heißt in Bezug auf die Investitionen das Verhältnis des Erfolges der Investition, also der Kosteneinsparung oder Gewinnsteigerung, zu dem durchschnittlichen Kapitaleinsatz für die Investition. Als Kennzahl dargestellt:

$$\frac{\text{Gewinnsteigerung pro Jahr}}{\text{Durchschnittlicher Kapitaleinsatz}} = \text{Rentabilität der Investition}$$

Diese Kennzahl sagt also aus, wie sich der Kapitaleinsatz für die Investition über den dadurch erzielten Gewinn verzinst. Damit hat dieses Investitionsrechnungsverfahren sowohl bei Neuinvestitionen als auch bei Erweiterungs- und Rationalisierungsinvestitionen die größte Aussage der hier vorgestellten statischen Investitionsrechnungsverfahren.

Amortisationsrechnung. Bei der Amortisationsrechnung ermittelt man den Zeitraum, der zur Amortisation des für die Investition eingesetzten Kapitals durch Kostenersparnis und Mehrgewinn erforderlich ist.

$$\frac{\text{Kapitaleinsatz}}{\text{Jährlicher Gewinn} + \text{Abschreibung der Investition}} = \text{Amortisationszeit d. Investition}$$

Dynamische Investitionsrechnungsverfahren

Dynamische Investitionsrechnungsverfahren berücksichtigen die Entwicklung während der Lebensdauer der Investitionen. Hierzu erfolgt eine finanzmathematische Abzinsung der Kosten und Erträge auf den Investitionszeitpunkt.

> **Dynamische Investitionsrechnungsverfahren**
> - Kapitalwertmethode,
> - interne Zinsfußmethode,
> - Annuitätenrechnung,
> - MAPI-Verfahren.

Kapitalwertmethode. Bei der Kapitalwertmethode werden alle verursachten Kosten und erzielten Erträge über die gesamte Lebensdauer der Investition ermittelt und auf den **Barwert** zum Zeitpunkt der Investition abgezinst. Der aus den Barwerten ermittelte **Kapitalwert** sagt aus, ob die Investition wirtschaftlich und somit sinnvoll ist oder nicht. Mit anderen Worten, es wird verglichen, ob bei dem zugrunde gelegten Zinssatz die Gewinne den Kapitaleinsatz für die Investition rechtfertigen. Der rechnerische Ansatz lautet:

```
    Barwert der Erträge
./. Barwert der Betriebskosten
./. Kapitaleinsatz
=   Kapitalwert
```

Ergibt sich ein Kapitalwert gleich Null, so sagt dies aus, dass sich die Investition genau mit der angenommenen Kapitalverzinsung deckt. Ist er größer als Null, liegt der Nutzen der Investition über der angenommenen Kapitalverzinsung. Ist der Kapitalwert negativ, muss die Investition als unwirtschaftlich betrachtet werden. Wenn mehrere Investitionen mit der Kapitalwertmethode verglichen werden, ist die Investition mit dem höchsten positiven Kapitalwert die interessanteste, weil sie die beste Kapitalverzinsung einbringt.

Interne Zinsfußmethode. Bei der internen Zinsfußmethode wird der Zinssatz ermittelt, der zum Kapitalwert Null führt. Zum Vergleich mehrerer Investitionen ist die Zinsfußmethode der Kapitalwertmethode vorzuziehen. Hier steht die Rentabilität im Vordergrund, deshalb ist diese Methode, wie wir das schon bei den statischen Methoden festgestellt haben, besonders für Neuinvestitionen und für Erweiterungsinvestitionen geeignet. Man errechnet mit dieser Methode die effektive Verzinsung der Investition (daher auch interne Zinsfußmethode genannt) und somit die Rentabilität der Kapitalbindung in die Investition. Wenn mit der internen Zinsfußmethode mehrere Investitionen miteinander verglichen werden, ist die Investition mit dem höchsten Zinssatz die interessanteste. Die Methode ist also der Kapitalwertmethode ähnlich, nur dass bei der Kapitalwertmethode die Beurteilung nach dem Barwert erfolgt und bei der internen Zinsfußmethode nach der effektiven Verzinsung.

Annuitätenrechnung. Das Wort „Annuität" kommt aus dem Lateinischen: annus = das Jahr. Als Annuität bezeichnet man also einen jährlich zu zahlenden Betrag, der sich aus der Tilgungsrate und den Zinsen ergibt. Für die Annuitätenrechnung bedeutet das, dass hier in durchschnittliche jährliche Teilbeträge umgerechnet wird und somit der Faktor Zeit berücksichtigt ist. Auch hierbei werden Kosten und Erträge auf den Investitionszeitpunkt abgezinst und dann der Kapitalwert in Jahresbeträge umgerechnet. Die Annuitätenrechnung ist auch für Rationalisierungsinvestitionen ein sehr brauchbares Verfahren, weil hier die Wirtschaftlichkeit der Investition beurteilt wird. Die Beurteilung mehrerer alternativer Investitionen erfolgt durch den Vergleich der errechneten Jahreswerte. Wie bei der Kapitalwertmethode gilt auch hier, dass positive Werte – dort der positive Kapitalwert, hier die positive Annuität – die Investition rechtfertigen.

MAPI-Verfahren. Eine Alternative zu den vorstehend behandelten Investitionsrechnungsverfahren wurde im „Machinery and Allied Products Institute" in Washington entwickelt. Daher stammt auch der Name: MAPI-Verfahren. Der Grundgedanke dieses Verfahrens besteht darin, die wesentlichen Einflussfaktoren aller Investitionsrechnungsverfahren angemessen zu berücksichtigen und gleichzeitig zu einer leicht anwendbaren Methode zu kommen.
Das MAPI-Verfahren legt ein Jahr zugrunde und vergleicht den derzeitigen Zustand mit der Veränderung, die sich durch die Investition ergeben würde. Deshalb empfiehlt sich die Anwendung insbesondere bei Ersatzinvestitionen oder Rationalisierungsinvestitionen, weil deren Auswirkungen im Vergleich zum jeweiligen Ist-Zustand von besonderem Interesse und auch aussagefähig sind. Für Erweite-

rungsinvestitionen oder Neuinvestitionen wird die MAPI-Methode aus den genannten Gründen nicht so sehr empfohlen. Ein großer Vorteil für die Handhabung bzw. Anwendung des MAPI-Verfahrens für Ersatz- und Rationalisierungsinvestitionen besteht darin, dass dieses Verfahren dem Anwender Formulare und Diagramme vorgibt.

9.3 Risikomanagement

Der dritte Bereich des **geldwirtschaftlichen Prozesses**, nach Finanzierung und Investition, ist das Risikomanagement.

Hierbei geht es nicht um das Risiko eines Fußballtrainers, der seine Mannschaft komplett nach vorne laufen lässt und dabei die Absicherung des eigenen Tores vernachlässigt. Oder vielleicht doch? Die Planung, nach vorne zu stürmen und dabei die Risiken übersehen, – ich glaube, ein bisschen vergleichbar ist das schon. Vielleicht wäre es doch besser, den Torwart und zwei Verteidiger mit der Absicherung dieser Risiken zu beauftragen! – Aber auch die Abwägung zwischen Chance und Risiko ist durchaus vergleichbar. Für einen hohen Gewinn, sei es im Fußball oder im Unternehmen, muss man manchmal auch bereit sein, ein Risiko einzugehen.

In verschiedenen zurückliegenden Kapiteln dieses Buches tauchte der Begriff „Unternehmensziel" auf. Eine originäre Aufgabe des Risikomanagements besteht darin, die Gefährdung zur Erreichung des Unternehmenszieles zu erkennen und zu verhindern. Wir haben es also durchaus mit einem sehr ernstzunehmenden Bereich der Unternehmensführung zu tun. Dies wird umso deutlicher, wenn man weiß, dass im Jahre 1998 das „Gesetz zur Kontrolle und Transparenz im Unternehmensbereich", kurz **KonTraG**, in Kraft getreten ist. Auch der Gesetzgeber befasst sich also damit, dass existenzgefährdende Risiken in Unternehmen erkannt werden müssen und dazu die nötigen Maßnahmen zu treffen sind.

> **Stufen bei der Umsetzung des Risikomanagements**
> - Identifikation,
> - Analyse,
> - Steuerung,
> - Kontrolle.

Bevor ein Unternehmen beschließt, ein Risikomanagement zu installieren, zum Beispiel im Rahmen des vorhandenen Controlling, sollte in einer **Risikopolitik** festgelegt werden, welche Risiken grundsätzlich in Kauf genommen werden und welche nicht. Gemeint ist hiermit eine **Chancen-Risiko-Abwägung**.

Wir alle kennen das Sprichwort: „Wer nichts riskiert ..."

Es gibt in jedem Unternehmen Risiken, die bekannt sind und bewusst in Kauf genommen werden. Um keine unangenehmen Überraschungen zu erleben, muss

jedoch in allen Hierarchiestufen bekannt sein, wo jeweils die Grenzen liegen bzw. welche bewusst eingegangenen Risiken mit der Risikopolitik des Unternehmens vereinbar sind und welche nicht. Dies kann nur funktionieren, wenn die Risiken zum einen bewertbar sind und zum anderen auch bewertet werden. Eine **Risikobewertung** hat zwei Hauptaufgaben:
1. Die Bewertung der Wahrscheinlichkeit, dass das Risiko eintritt.
2. Die Höhe des Schadens, wenn das Risiko tatsächlich eintritt.

Diese Bewertung von Risiken ist nicht immer einfach, zumal mehrere scheinbar akzeptable Risiken zusammentreffen und dann zu einem Gesamtrisiko werden können, das die Unternehmensziele gefährdet oder sogar die Existenz des ganzen Unternehmens bedroht.

Bei der Abwägung von Chance und Risiko sind wir schon mitten im Bereich der Steuerung; denn hier geht es bereits um die gewählte Strategie. Dies wird deutlich, wenn zwar ein Risiko erkannt wird, gleichzeitig aber in der Aktion sehr gute Gewinnaussichten für das Unternehmen gesehen werden und somit folgende Alternativen abzuwägen sind:
- Kann/soll das Risiko bewusst eingegangen werden?
- Kann/soll auf den möglichen Gewinn verzichtet werden?
- Kann das Risiko abgeschwächt, verlagert oder vermieden werden, ohne auf den möglichen Gewinn zu verzichten?

Wenn es sich beispielsweise um ein Risiko handelt, dessen Schaden sich versichern lässt, wird die Entscheidung unter Umständen schon einfacher.

Mit „Kontrolle" ist gemeint, dass geprüft wird, ob die als möglich definierten Risiken tatsächlich vorhanden und aktuell sind.

10 Produktionswirtschaft

Das Wort Produktion bedeutet schlichtweg „Erzeugung". Es ist die Herstellung von Erzeugnissen zur Befriedigung der menschlichen Bedürfnisse. Wir unterscheiden die **Urproduktion** (Landwirtschaft, Forstwirtschaft, Bergbau, Förderung von Erdöl und Erdgas usw.) von der **Weiterverarbeitung**. Betriebe der Weiterverarbeitung sind in der Regel kapitalintensive Industriebetriebe.

Hier begegnen uns die **Produktionsfaktoren Arbeit, Boden, Kapital und Material**, wobei der Boden heute vielfach nicht mehr als eigenständiger Produktionsfaktor, sondern als dem Kapital zugehörig angesehen wird. Arbeit, Boden und Kapital entsprechen der volkswirtschaftlichen Definition (Kap. 4). Zum Produktionsfaktor „Kapital" gehören insbesondere auch die der Fertigung dienenden Anlagegüter wie Baulichkeiten, Maschinen, technische Anlagen, Werkzeuge usw.

> **Material und Werkstoffe**
>
> **Rohstoffe:**
> Materialien, die als Grundstoff in die Fertigung eingehen. Hierzu gehören z. B. Metalle in der metallverarbeitenden Industrie, Holz bei der Möbelfabrikation, natürliche und synthetische Stoffe in der Textilindustrie usw.
>
> **Hilfsstoffe:**
> Materialien, die auch in die Fertigung und in das Erzeugnis eingehen, aber im Gegensatz zu den Rohstoffen nur Ergänzung zu diesen und nicht Hauptbestandteil des hergestellten Produktes sind. Hilfsstoffe sind z. B. Farben, Leim, Nägel usw.
>
> **Betriebsstoffe:**
> Materialien, die dem Produktionsprozess dienen, aber im Gegensatz zu Rohstoffen und Hilfsstoffen nicht in die Erzeugnisse eingehen. Hierzu gehören z. B. Treibstoffe, Brennstoffe, Schmiermittel, Reinigungsmittel.

10.1 Produktionsprogramm

> Als **Produktionsprogramm** bezeichnet man alle Güter und Dienstleistungen, die ein Unternehmen erstellt.

Der Fertigungsprozess steht zwischen Beschaffung und Vertrieb bzw. Absatz der Produkte. Bereits bei Gründung eines Unternehmens ist eine Entscheidung darüber zu treffen, welche Erzeugnisse hergestellt werden sollen. Das muss nicht zwingend mit der Produktpalette des Verkaufs identisch sein, da sowohl Erzeugnisse zur Weiterverarbeitung oder für den Eigenbedarf hergestellt als auch Teile und Artikel zugekauft werden können. Bei Letzteren kann es sich um Teile zur

Komplettierung eigener Erzeugnisse handeln oder auch um reine Handelsware. Das **Verkaufsprogramm** muss also nicht unbedingt mit dem **Produktionsprogramm** übereinstimmen.

Festlegung des Produktionsprogramms. Die Entscheidung für ein Produktionsprogramm kann beispielsweise von folgenden Faktoren abhängen:
- Lassen sich die Erzeugnisse mit den vorhandenen Gegebenheiten herstellen?
- Sind entsprechende Räumlichkeiten und Maschinen für die Fertigung vorhanden?
- Ist das für die Produktion erforderliche Personal vorhanden und richtig qualifiziert?
- Sind eventuelle öffentliche Auflagen und Bestimmungen berücksichtigt und erfüllt?
- Ist ein entsprechender Markt für einen gewinnbringenden Umsatz der herzustellenden Erzeugnisse vorhanden?

Dies sind nur einige Fragen, die bei der Festlegung des Produktionsprogramms berücksichtigt werden müssen. Auch die Gestaltung der Produkte muss festgelegt werden:
- Gibt es unterschiedliche Ausführungen, Maße, Formen, Qualität usw.?
- Ist es sinnvoll und wirtschaftlich, den gleichen Artikel in verschiedenen Ausführungen zu produzieren?
- Gibt es dabei Normen, die zu berücksichtigen sind?

Es ist also ein ganzer Fragenkatalog, der das Produktionsprogramm beeinflusst. Selbstverständlich sind für die Festlegung des Produktionsprogramms das Unternehmensziel und dessen Finanzierung und Finanzierbarkeit maßgebend. So sind für jede Planung oder Erweiterung des Produktionsprogramms auch die Rentabilität und die Wirtschaftlichkeit von hoher Bedeutung. Bereits zum Zeitpunkt der Planung des Produktionsprogramms müssen Überlegungen und Berechnungen vorgenommen werden, ob eine Eigenfertigung aller festgelegten Erzeugnisse überhaupt sinnvoll und wirtschaftlich ist oder ob ein teilweiser Fremdbezug vorzuziehen ist.

Eine sehr wichtige Überlegung bei der Festlegung der zu vertreibenden Produkte betrifft die Attraktivität und Vollständigkeit der Produktpalette. Während aus wirtschaftlichen Erwägungen z. B. der einzelne Deckungsbeitrag eine entscheidende Rolle spielt, gibt es eine Vielzahl von Nebenprodukten, die der Kunde gerne aus einer Hand kauft und die unter Umständen ausschlaggebend für eine Geschäftsbeziehung sein können. Abgesehen von reinen Nebenprodukten oder auch Alternativprodukten ist ein gutes Beispiel hierfür das Angebot von Ersatzteilen und mit dem Produkt anfallenden Verbrauchsgütern.

Wir kennen das alle aus dem privaten Bereich: Wie ärgerlich ist es doch – besonders bei langlebigen Gütern –, wenn nur schwer oder gar nicht an Ersatzteile heranzukommen ist.

In die Planung des Produktionsprogramms fließen selbstverständlich auch Erkenntnisse über die Marktsituation, Absatzmöglichkeiten, Konjunktur- und Saisonschwankungen mit ein, ebenso wie die eigene Produktionskapazität und Auslastung.

Wenn ich vorstehend die Vorteile einer „vollständigen" Produktpalette angeführt habe, so ist gleichzeitig anzumerken, dass eine Spezialisierung auf wenige Erzeugnisse eigener Herstellung in der Regel wirtschaftlicher ist. Man denke nur an Entwicklungskosten, Arbeitsvorbereitung, Maschinenumstellungen usw.

Tiefe des Produktionsprogramms. Mit dem Begriff **„Tiefe des Produktionsprogramms"** sind nicht nur die Varianten der hergestellten Produkte gemeint (hier spricht man eher von **Programmdichte**), sondern auch die Vollständigkeit des verkaufsfertigen Produktes. Es ist durchaus möglich und bei einigen Branchen auch üblich, einzelne Bestandteile der Erzeugnisse in Fremdfertigung herstellen zu lassen. Ein Beispiel hierfür sind die vielen Zulieferer in der Automobilindustrie.

Programmbreite. Die Programmbreite, also die Summe der insgesamt hergestellten Produktarten, wird vielfach auch zwischenzeitlich verändert. Sie kann erhöht, aber auch vermindert werden. Von einer optimalen Programmbreite kann man ausgehen, wenn das Unternehmensziel mit dem Ist-Zustand erreicht ist bzw. erreicht wird und durch eine Erhöhung oder Verminderung der Programmbreite keine positive Veränderung möglich erscheint.

10.2 Produktionsverfahren

Das Produktionsverfahren, auch **Fertigungsverfahren** genannt, ist zum Teil schon durch das Produktionsprogramm vorbestimmt. Die gängigen Begriffe der Produktionsverfahren werden nachstehend in alphabetischer Reihenfolge erläutert.

Baustellenfertigung. Man spricht von Baustellenfertigung, wenn Materialen, Maschinen und Arbeitskräfte an den Platz gebracht werden, an dem das Produkt entsteht (z. B. beim Hausbau, Straßenbau usw.).

Chargenfertigung. Die Chargenfertigung ist eine Form der Sortenfertigung. Bei ihr wird die jeweils produzierte Menge durch das Fassungsvermögen eines Betriebsmittels begrenzt (z. B. eines Brennofens, eines Galvanikbehälters, eines Cognacfasses usw.).

Einzelfertigung. Bei der Einzelfertigung wird jeweils nur eine Einheit hergestellt, die Ausführung ist individuell. Deshalb erfolgen Einzelfertigungen aufgrund separater Bestellungen und vielfach unter Mitwirkung des Auftraggebers bei der Entscheidung über Art und Gestaltung (z. B. im Hochbau, Tiefbau, Brückenbau, Schiffsbau, aber auch im Bereich Holz- und Steinverarbeitung, Geräte- und Behälterbau, in der Modebranche usw.).

Fließfertigung. Die Fließfertigung ist eine Art der Reihenfertigung. Der gesamte Produktionsprozess läuft ohne Unterbrechung ab. Somit ist bei der Fließfertigung die Arbeitsfolge verbindlich vorgegeben und kann nicht variiert werden. Werden die Erzeugnisse während der Produktion durch ein Band (Fließband) befördert, spricht man demgemäß auch von einer Fließbandproduktion. Die Fließfertigung kommt vor allem bei industrieller Massenproduktion zum Einsatz.

Kuppelproduktion. Bei der Kuppelproduktion werden zwangsläufig Kuppelprodukte hergestellt. Das bedeutet, dass bei der Herstellung eines bestimmten Produktes gleichzeitig ein weiteres oder mehrere weitere Produkte anfallen. Ein typisches Beispiel hierfür ist das Schlachten von Schafen, bei dem automatisch die Kuppelprodukte Schaffleisch und Schafwolle anfallen. Die logische Konsequenz daraus ist, dass bei Produktionssteigerung eines Produktes auch die Produktion der anderen Kuppelprodukte mit gesteigert wird. Das ist nicht immer vorteilhaft. Es kann durchaus sein, dass beispielsweise das Fell oder Leder eines Tieres begehrt, für das Fleisch usw. aber kein Absatzmarkt vorhanden ist. Weitere typische Kuppelprodukte sind z. B. die „Kohleprodukte" Gas oder Teer.

Massenfertigung. „Massenfertigung, das ist ja einfach", könnte man denken, „da geht es nur um die Menge der hergestellten Produkte." Nicht ganz, denn Massenfertigung zeichnet sich in erster Linie durch die Gleichartigkeit der hergestellten Produkte aus. Aber damit verbunden ist auch die große Stückzahl der hergestellten Produkte. Durch die großen Mengen gleichartiger Produkte wird der Einsatz von hoch technisierten Maschinen und Anlagen wirtschaftlich, sodass teilweise ungelernte Arbeitskräfte eingesetzt werden können, die lediglich zur Maschinenbedienung angelernt werden müssen. Die Massenfertigung gleichartiger Produkte erfolgt in der Regel planmäßig über einen längeren Zeitraum. Sie kommt für alle Massenartikel infrage. Typisch sind auch Ziegeleien, Brennereien, Elektrizitätswerke usw.

Mehrfachfertigung. Bei der Mehrfachfertigung werden im Gegensatz zur Einzelfertigung gleichzeitig oder aufeinander folgend Produkte in größerer Anzahl hergestellt. Das heißt, dass Mehrfachfertigung nichts anderes ist, als ein Sammelbegriff für die anderen Fertigungstypen wie Massenfertigung, Serienfertigung, Sortenfertigung, Chargenfertigung usw.

Reihenfertigung. Bei der Reihenfertigung wird eine begrenzte Stückzahl und in der Regel auch nur für eine begrenzte Zeit produziert. Es ist charakteristisch, dass mehrere Arten von Erzeugnissen produziert werden. Damit steht also die Reihenfertigung im Gegensatz zur Massenfertigung. Zur Reihenfertigung gehören auch die Serienfertigung und die Sortenfertigung.

Serienfertigung. Die Serienfertigung ist eine Reihenfertigung, bei der mehrere Produkte auf mehreren Anlagen nebeneinander hergestellt werden. Es werden also „Serien" oder auch „Reihen" angefertigt.

Sortenfertigung. Auch die Sortenfertigung ist eine Reihenfertigung. Von Sortenfertigung spricht man, wenn es sich um mehrere gleichartige Produkte handelt, die sich nur durch Form, Maße, Farbe, Gewicht usw. unterscheiden.
Ein typisches Beispiel finden wir in einer Papierfabrik, wobei sich das Papier teilweise durch die Größe, die Farbe oder auch durch das Gewicht unterscheidet. Es werden also verschiedene „Sorten" gleichartiger Artikel hergestellt.

Werkstattfertigung. Bei der Werkstattfertigung finden die einzelnen Produktionsschritte in verschiedenen Werkstätten statt. Das zu bearbeitende Produkt durchläuft beispielsweise die Bohrerei, Fräserei, Schleiferei, Schlosserei usw. Hierbei konzentrieren sich also die Maschinen für die einzelnen Arbeitsvorgänge jeweils auf eine Werkstatt.

> **Einteilung der Produktionsverfahren**
>
> Grundsätzlich kann unterschieden werden zwischen
> - Einzelfertigung und
> - Mehrfachfertigung.
>
> Die Mehrfachfertigung kann erfolgen als
> - Massenfertigung,
> - Serienfertigung,
> - Sortenfertigung,
> - Chargenfertigung
>
> Nach dem Ort, an dem produziert wird, unterscheidet man
> - Fließfertigung,
> - Werkstattfertigung,
> - Baustellenfertigung.

So geordnet werden Ihnen die einzelnen Fertigungstypen sicher in Erinnerung bleiben. – Hier fehlt die Kuppelproduktion? Na ja, ein Produktionsverfahren im engeren Sinne ist sie ja eigentlich auch gar nicht.

Was kann das arme Rind dafür, dass man sich nicht mit dem Filet zufrieden gibt und ihm auch noch ans Leder will und das Fell über die Ohren zieht!? – Es gab früher übrigens in Zeiten der Warenknappheit unerlaubte sogenannte „Kuppelgeschäfte": Da wurde der Käufer genötigt, wenn er ein bestimmtes Produkt haben wollte, ein anderes gleich noch dazu zu kaufen. Die „Kuppelei" hat also mehrere Facetten.

10.3 Produktionsplanung

Mit „Produktionsplanung" ist die Festlegung der Arbeitsabläufe gemeint.

*Wenn ich meine Stereolautsprecher jeweils in einer Ecke des Wohnzimmers anbringen möchte und dafür zwei Eckregale benötige, bestünde meine **„Primärbedarfsplanung"** theoretisch darin, in einem vorgegebenen Planungszeitraum die vorgegebene Menge, also zwei Regale, anzufertigen. Meine **„Sekundärbedarfsplanung"** würde theoretisch darin bestehen, in welcher Menge und bis wann ich welche Materialien zur Fertigung dieser Regale benötige. – Warum sage ich hier in beiden Planungsphasen „theoretisch"? Weil ich nicht den Eindruck erwecken möchte, als wäre ich selbst in der Lage, zwei Eckregale für meine Stereolautsprecher zu bauen. – Das bin ich nämlich nicht! Meine handwerklichen Fähigkeiten beschränken sich darauf, dass ich*

Säge, Hammer und Nagel buchstabieren kann. Also würde mir in dem Fall nichts anderes übrig bleiben, als einen Schreiner anzurufen, ihn zu beauftragen und ihm die Primärbedarfsplanung und die Sekundärbedarfsplanung zu überlassen. Wenn es sich dabei nicht um einen „Bretterwilli", sondern um einen richtigen Schreiner handelt, würde er vermutlich einen solchen Auftrag auch im Kopf planen können und auf schriftliche Produktionspläne verzichten. Ich glaube kaum, dass er für meine zwei Eckregale einen Netzplan oder eine Stückliste brauchen würde. Bei größeren Produktionsprozessen ist das jedoch „aus dem Kopf" nicht möglich. Da bedarf es zum reibungslosen und wirtschaftlichen Ablauf der Fertigung einer Produktionsablaufplanung.

Arbeitsvorbereitung

Die Tätigkeit selbst bzw. das Team oder die Abteilung in größeren Unternehmen mit industrieller Erzeugung, die die Produktion plant und „vorbereitet", nennt man **Arbeitsvorbereitung**. Neben der Planung des eigentlichen Produktionsablaufes mit den dazu erforderlichen Unterlagen (Arbeitspläne, Material- und Lohnscheine usw.) ist die Arbeitsvorbereitung für die Bereitstellung von Zeichnungen, Werkstoffen, Hilfsstoffen sowie Maschinen und Werkzeugen zuständig.

Auch wenn es grundsätzlich eine unterschiedliche Planung erfordert, ob es sich um einen Einzelauftrag, einen Reparaturauftrag oder um die Lagerfertigung der für den Verkauf bestimmten Erzeugnisse handelt, ist aus wirtschaftlichen Gründen die **Minimierung der Produktionsdauer** erstrebenswert und somit Ziel und Aufgabe der Planung. Bei den Maschinen und Werkzeugen sind Nutzungszeiten und Stillstandzeiten zu berücksichtigen und unnötige Stillstandzeiten durch eine sinnvolle Planung zu vermeiden. Neben der Bereitstellung von Roh-, Hilfs- und Betriebsstoffen, der erforderlichen Energie und der benötigten Maschinen und Werkzeuge ist die Bereitstellung geeigneter **Arbeitskräfte** ein wichtiger Teil der Produktionsplanung. Bei den Maschinen wird durch die Erstellung von Belegungsplänen eine möglichst optimale Kapazitätsauslastung angestrebt. Gleichzeitig sollen die Belegungspläne mögliche Engpässe in dem Fertigungsablauf erkennen und vermeiden. Ebenso ist die Leistungsfähigkeit der verfügbaren und am Produktionsprozess beteiligten Arbeitskräfte ein wichtiger Bestandteil der Produktionsplanung.

Zeitplanung

Anhand von Zeitstudien werden für die einzelnen Arbeitsschritte die Arbeitszeiten vorgegeben und festgelegt. Die Auftragszeit wird unterteilt in
- **Rüstzeit** (Arbeitsvorbereitung, Bereitmachung der Maschinen usw.) und
- **Ausführungszeit**.

Ein bewährtes Instrument der Zeitplanung ist die sogenannte **Netzplantechnik**. Der **Netzplan** ist eine grafische Darstellung der zeitlichen Abläufe.
Die **retrograde Termin- und Ablaufplanung** ist aus der Netzplantechnik bekannt. Wenn ein Kunde einem Unternehmen einen terminierten Auftrag erteilt, erfordert dies unter Berücksichtigung der zur Ausführung erforderlichen Maßnahmen, Arbeitsschritte und deren Zeitaufwand eine retrograde Planung. Dies gilt nicht

nur für den Beginn der Arbeiten, sondern auch für die einzelnen Zwischenschritte wie zum Beispiel Verfügbarkeit der Arbeitskräfte, rechtzeitige Bereitstellung der erforderlichen Materialien usw.

Wir sind im privaten Bereich fast alle ständig damit beschäftigt, irgendwelche Dinge retrograd zu planen, ohne groß darüber nachzudenken. Wenn Ihr Zug um 14 Uhr planmäßig abfährt – das soll es ja trotz vieler Unkenrufe geben –, dann planen Sie, kurz vor 14 Uhr am Bahnhof zu sein. Müssen Sie vorher noch mit dem Bus zum Bahnhof fahren, planen Sie auch die Abfahrtzeit des Busses. Aber Sie wollen vorher noch einkaufen, Sie wollen vielleicht sogar vorher noch duschen?! – Merken Sie, wie Sie automatisch beginnen, Ihre Planung retrograd zu gestalten?

In der Produktionsplanung bewegen sich alle einzelnen Schritte des Netzplanes zwischen dem Anfangsdatum und dem Datum der Fertigstellung. Letzterem kommt in der Regel eine größere Bedeutung zu, weil es sich dabei meistens um den einzuhaltenden gesetzten Termin handelt. Mit anderen Worten: Das Datum der Fertigstellung ist gleichzeitig der Ausgangspunkt für die retrograde Termin- und Ablaufplanung. Das bedeutet, dass ausgehend vom Fertigstellungstermin jeweils die benötigten Zeiten für die Schritte davor ermittelt und subtrahiert werden und so der Beginn der davorliegenden Aktivitäten festgelegt wird. Es ist sinnvoll, die einzelnen Zeitpunkte nach frühestem Beginn und Ende und spätestem Beginn und Ende zu ermitteln und darzustellen, um einen Spielraum gewisser Pufferzeiten zu haben. Sind einzelne Tätigkeiten für die Dauer und Einhaltung des zeitlichen Ablaufs bestimmend und können sie somit die Einhaltung der gesamten Planung gefährden, bezeichnet man diese als **„kritische Wege"** (oder auch als „kritische Pfade"). Wegen ihrer großen Bedeutung zur Einhaltung der Planung werden sie im Netzplan besonders gekennzeichnet.

Bei der Planung einer Produktion werden im Netzplan **Alternativen** berücksichtigt. Vom kritischen Weg spricht man nur dann, wenn die Einhaltung des Planes von der Erreichung dieses Zwischenzieles abhängt.

Wenn das Dach nicht auf dem Haus ist, können die Leute nicht einziehen, und solange die Motorenteile nicht im Werk eingetroffen sind, können sie nicht eingebaut werden, und es hat wenig Zweck, die Fahrzeuge auszuliefern.

Kapazitätsplanung
Die Zeitplanung, und somit auch der Netzplan, kann natürlich keinen direkten Einfluss auf die vorhandenen Kapazitäten nehmen. Insofern sind die vorhandenen Kapazitäten an Maschinen und Personal als Ist-Bestand zunächst eine Vorgabe für die Planung. Erst dann schließt sich die Frage an, ob die Ausnutzung aller Kapazitäten ausreicht oder ob eine Kapazitätserweiterung zur termingemäßen Durchführung des Produktionsprozesses erforderlich und möglich ist.
Insbesondere unter dem Aspekt der Wirtschaftlichkeit ergeben sich bei der Kapazitätsplanung unterschiedliche Fragestellungen und Lösungen. **Nicht ausgelastete Kapazitäten** können genauso unwirtschaftlich sein wie **Kapazitätsengpässe**. Handelt es sich um einen einmaligen, ggf. durch einen Auftrag verursachen

Engpass, dann ist auf diesen anders zu reagieren als auf einen dauerhaften Kapazitätsengpass. Letzterer wird in der Regel zu einem Ausbau und einer Erweiterung der Kapazitäten führen, was ggf. die Anschaffung neuer oder modernerer Maschinen und die Einstellung zusätzlicher Mitarbeiter sinnvoll macht. Die schlechteste Lösung wäre es in den meisten Fällen, zugesagte Termine nicht einzuhalten. Bei einem kurzfristigen Kapazitätsengpass ist im Bereich der Betriebsmittel zu prüfen, ob ein Ausweichen auf andere Maschinen, ggf. sogar eine Verlagerung einiger Arbeiten durch Vergabe an Fremdfirmen möglich und sinnvoll ist. Bei einem Engpass auf Seiten der Arbeitskräfte ist zu prüfen, ob das Problem durch Überstunden oder zusätzliche Schichten lösbar ist, ggf. auch durch Leiharbeiter und Zeitarbeitsverträge. In derartigen Situationen wird besonders deutlich, wie wichtig eine funktionierende und zuverlässige Planung für ein Unternehmen ist. – Selbst die Erkenntnis, dass die vorhandene Kapazität der Annahme eines Auftrages widerspricht, kann für ein Unternehmen von sehr großer Bedeutung sein. Insofern ist auch der Produktionsplan ein unverzichtbarer Bestandteil der Gesamtplanung zur wirtschaftlichen Steuerung der Unternehmungen.

11 Unverzichtbar! – Die Betriebsplanung

Wie wir bereits festgestellt haben, ist eine strukturierte Betriebsplanung für den wirtschaftlichen Erfolg eines Unternehmens unabdingbar! Die Betriebsplanung setzt sich aus mehreren Teilplänen zusammen. Obwohl bei den Erläuterungen zur Unternehmensorganisation (Kap. 6) bereits wesentliche Teilpläne erwähnt und z. T. auch näher erklärt wurden, soll im Folgenden zur Vollständigkeit und besseren Übersicht die **Gesamtheit der Betriebsplanung** zusammenfassend – und ggf. mit entsprechenden Querverweisen zu den anderen Kapiteln – dargestellt werden.
Unter **Betriebsplanung** versteht man, die betrieblichen Abläufe
- Beschaffung,
- Erzeugung,
- Finanzierung,
- Absatz,
- Erfolg

als Instrumente der Betriebspolitik und Steuerung vorherzubestimmen, aufzuzeichnen, zu bewerten und für den Soll-Ist-Vergleich bereitzustellen. Die Teilpläne stehen untereinander im Zusammenhang und bauen aufeinander auf. Die hier genannten Pläne sind die wesentlichen Planungsinstrumente der gesamten Betriebsplanung.
Das schließt nicht aus, dass Unternehmen noch weitergehende Pläne, auch in anderen Teilgebieten, erstellen. Ausführungen zur Planung und Festlegung der Unternehmensziele finden Sie in Kap. 7.2, die Personalplanung unter Kap. 6.4.1.

11.1 Beschaffung und Betriebsplanung

Die Beschaffungsplanung hängt u. a. von der Produktionsplanung (Kap. 10.3) ab. Je nach dem Materialbedarf der Produktion müssen Roh-, Hilfs- und Betriebsstoffe rechtzeitig bestellt und bereitgestellt werden. Gleichzeitig löst die Beschaffung einen Liquiditätsbedarf aus. Hier wird schon deutlich, wie die einzelnen Teilpläne ineinander greifen. Die Zuständigkeiten für die Beschaffung finden Sie in der Funktionsstelle „Einkauf" (Kap. 6.1.1).
Grundsätzlich gilt für die Beschaffungsplanung, zum richtigen Zeitpunkt die richtige Menge zu beschaffen. Einerseits ist eine zu hohe Bevorratung unwirtschaftlich und bindet unnötige Liquidität im Lagerbestand. Lagerplatz kostet Geld, und höhere Bestände verursachen höhere Kosten der Lagerverwaltung. Andererseits muss die Beschaffungsplanung so ausgerichtet sein, dass ein reibungsloser Betriebs- und Produktionsablauf nicht durch fehlende, nicht ausreichende oder zu spät bereitgestellte Materialien gestört werden kann. Deshalb ist eine zuverlässige **Materialdisposition** sehr wichtig. Das setzt in den meisten Unternehmen eine gut funktionierende Zusammenarbeit der technischen Abteilungen mit dem Einkauf voraus.

Es wird immer mal wieder die Frage diskutiert, ob und wann es sinnvoller ist, dass der technische Bereich aufgrund seiner Materialkenntnisse selbst für die Beschaffung einiger Produkte zuständig ist. In den meisten Fällen ist es wohl vorzuziehen, dass die technischen Bereiche möglichst genaue Bedarfsmeldungen abgeben und die Einkaufsabteilung als kaufmännischer Bereich für das Bestellwesen zuständig ist.

Höchste Priorität in der Beschaffungsplanung hat die Sicherstellung der Versorgung der Produktion mit den erforderlichen Materialien. Im Beschaffungsplan sind Art, Menge und Zeitpunkt der Beschaffung festzulegen. Die Art und Menge ergibt sich weitestgehend aus der Absatz- und Produktionsplanung. Der sich daraus ergebende Bedarf abzüglich der Lagerbestände führt zur Bestellmenge.

Die Festlegung des Beschaffungszeitpunktes ist abhängig von den Lieferzeiten der Lieferanten. Bei den Lieferanten empfiehlt sich eine Priorisierung nach der sogenannten **ABC-Analyse**.

> **ABC-Analyse der Lieferanten eines Unternehmens**
>
> - **A-Lieferanten:** In dieser Gruppe befinden sich die umsatzstärksten und wichtigsten Lieferanten. Zu ihnen wird meist eine engere Beziehung aufgebaut. Hier spielen Sicherheit, Vertrauen und Zuverlässigkeit eine Rolle.
> - **B-Lieferanten:** Lieferanten mit mittlerem Umsatz und mittlerer Priorität.
> - **C-Lieferanten:** Lieferanten mit geringer Priorität und ohne besondere Kontaktpflege. Rein zahlenmäßig ist Gruppe C am stärksten, wobei der Umsatz pro Lieferant meist relativ gering ist.

Der jeweilige Bedarf wird einerseits aus Erfahrungswerten ermittelt, andererseits aus der Produktions- und Absatzplanung abgeleitet. Bei der Fortschreibung von Erfahrungswerten ist es wichtig, die Planzahlen mit den anderen Funktionsstellen abzustimmen und somit auch grundsätzliche Veränderungen zu erfassen und zu berücksichtigen. Es gibt mehrere Ursachen dafür, dass die Zahlen der Vergangenheit für die Planung nicht mehr verwendbar sind oder zumindest einer neuen Situation angepasst werden müssen. Gründe hierfür sind z. B. Produktumstellungen, neue Produkte, veränderte Umsatzerwartungen usw. Die vergangenheitsorientierte Beschaffungsplanung muss grundsätzlich mit den Planungen aus Produktion und Absatz kombiniert werden. Hierfür sind **Stücklisten** sehr nützlich.

> Unter einer **Stückliste** versteht man eine Aufstellung aller in einem Produkt oder Fertigungsstück enthaltenen Einzelteile.

Diese Zusammenstellung nach Maß, Menge und Gewicht dient nicht nur der „Vorwärtsplanung" im Rahmen der Produktion, sondern hat auch „rückwärts" als sogenannte **Stücklistenauflösung** eine große Bedeutung. Anhand der von der Arbeitsvorbereitung erstellten Stücklisten kann nämlich wieder vom Fertigprodukt oder auch von Halberzeugnissen eine Auflösung in alle enthaltenen Bestandteile erfolgen. Insofern kann anhand der Stücklisten der Bedarf aller Einzelteile eines Erzeugnisses ermittelt und geplant werden. Die Stücklistenauflösung wird übrigens auch im Bereich der Inventur zur Bewertung herangezogen. Dies ist insbesondere bei der Massenfertigung (Kap. 10.2) und gleichbleibender Zusammensetzung der produzierten Erzeugnisse sehr hilfreich. Während also die Stückliste der Produktion die Information über die bei der Herstellung zu verwendenden Teile liefert, liefert sie der Beschaffungsplanung bzw. dem Bestellwesen die Information, welche Teile im einzelnen beschafft werden müssen, um den Produktionsprozess für die geplante Fertigung zu bedienen.

Das Bestellwesen wird durch **EDV-gestützte Materialwirtschaftsprogramme** heutzutage sehr erleichtert. Bestellungen können bei einigen Produkten in einem vorgegebenen Rhythmus geplant werden. So kann z. B. basierend auf den Erfahrungswerten des Verbrauches ein Rohstoff vierzehntägig oder monatlich nachbestellt werden. Der Bestellzeitpunkt wird aber auch wesentlich vom jeweiligen Lagerbestand abhängig gemacht. Für die einzelnen Lagerartikel ist ein Mindestlagerbestand, der sogenannte **eiserne Bestand**, festgelegt, der vorhanden sein muss und nicht unterschritten werden darf. Dem steht ein **Meldebestand** gegenüber, der auch als **Bestellbestand** bezeichnet wird und die Menge angibt, die den Zeitpunkt der Bestellung festlegt. Für eine wirtschaftliche Lagerführung und um die Lagerhaltungskosten so gering wie möglich zu halten, werden bei der Bedarfsplanung selbstverständlich Lagerdauer und Umschlagshäufigkeit der einzelnen Güter bei der Festlegung der Bestellintervalle berücksichtigt und auch überwacht. Die benötigten Produkte in richtiger Qualität und Quantität zur gewünschten Zeit am richtigen Ort zu haben, ist die Vorgabe für die Bedarfsplanung.

> **Oberste Anforderung an die Bedarfsplanung:** Keine Gefährdung oder gar Stillstand der Produktion!

Logistik

Das Wort „Logistik" kommt aus dem Französischen und bezeichnet seinem Ursprung nach einen Bereich der militärischen Führung, der insbesondere für die materielle Versorgung, Verkehrsführung und Infrastruktur der Streitkräfte zuständig ist. Mir ist nicht ganz wohl dabei, wenn einerseits der „Abschub" von verwundeten Soldaten als „Logistik" definiert wird und ich dann andererseits den Begriff betriebswirtschaftlich erläutern soll. – Der Duden hält zwei Definitionen parat: erstens: „Militärisches Nachschubwesen" und zweitens: „Wirtsch. Gesamtheit aller Aktivitäten eines Unternehmens." Die Betriebswirtschaftlehre engt den Begriff noch ein wenig weiter ein:

> Die **Logistik** beinhaltet die Planung, Organisation, Steuerung, Abwicklung und Kontrolle des Materialflusses.

Insofern erklärt sich die Anwendung dieses Begriffes insbesondere im Bereich der Beschaffungsplanung. Man definiert das Wort „Logistik" manchmal auch salopp mit den sogenannten 6 „R", was so viel heißt wie: „die **richtige Menge** der **richtigen Güter** zur **richtigen Zeit** in der **richtigen Qualität** zu den **richtigen Kosten** am **richtigen Ort** zu haben." Dieses Prinzip gilt

- für die Beschaffung **(Beschaffungslogistik)**,
- für die Versorgung des gesamten Produktionsprozesses mit den benötigten Roh-, Hilfs- und Betriebsstoffen einschließlich der Lagerung und innerbetrieblichen Transporte **(Produktionslogistik)**,
- für den Absatz und die Auslieferung der Erzeugnisse **(Absatzlogistik)**,
- für die Verteilung der Produkte aus dem Unternehmen heraus auf den Markt und an die Kunden und Verbraucher **(Distributionslogistik)**.

Im betriebswirtschaftlichen Sinne des Materialflusses taucht der Begriff „Logistik" in vielen Wortkombinationen auf: Logistikbranche, Logistikunternehmen, Transportlogistik, Entsorgungslogistik, Logistikdienstleister usw. Hier ist in erster Linie die Beförderung von Waren gemeint (Versand von Waren aller Art, Speditionen, Luftfracht, Reedereien, Briefbeförderung usw.). Eine gute Logistik trägt zur Wirtschaftlichkeit bei und dient gleichzeitig als Werbeslogan „Wir bieten unseren Kunden eine gute Logistik", was der Imagepflege dienen soll und den Kunden eine pünktliche Lieferung der gut verpackten bestellten Ware verspricht. In vielen Unternehmen gibt es mittlerweile die Abteilung Materiallager und Logistik unter gemeinsamer Leitung mit Zuständigkeit für die gesamte Materialdisposition und Warenwirtschaft. – Als Anforderungsprofil für eine leitende Position hält man hier übrigens einen Hochschulabschluss in Betriebswirtschaftslehre oder im Wirtschaftsingenieurwesen für ideal.

11.2 Erzeugung und Betriebsplanung

Die Planung der Erzeugung erfolgt im Produktionsplan, der ausführlich in Kap. 10.3 dargestellt und erläutert ist. Art und Umfang der erzeugten Produkte ergeben sich aus der Unternehmensplanung. Die Produktionsplanung korrespondiert sehr eng mit der Beschaffungsplanung: Durch den Bedarf für die Produktion wird vorgegeben, zu welchem Zeitpunkt welche Roh-, Hilfs- und Betriebsstoffe benötigt werden, um eine reibungslose Fertigung sicherzustellen. Der Produktionsplan wiederum setzt voraus, dass ein Absatzplan vorliegt. – Das ist im Grunde ja auch selbstverständlich: Wie will man sonst festlegen, welche Menge an Erzeugnissen produziert werden soll, wenn dafür nicht entsprechende Absatzchancen vorhanden und als solche ermittelt worden sind?

11.3 Finanzierung und Betriebsplanung

Eine Finanzplanung ohne Kenntnis von Beschaffung und Absatz ist nicht möglich. Der Finanzplan hat die Aufgabe, die Deckung des Kapitalbedarfs sicherzustellen. Die Finanzierung ist hier an dieser Stelle – wegen der gegenseitigen Verflechtung der einzelnen Pläne – nur kurz mit angeführt. Ausführliche Erläuterungen über die Finanzierung einschließlich betrieblicher Kennziffern, Liquiditätsstatus, Kapitalbedarfsrechnung und Beispiel eines Finanzplanes finden Sie in Kap. 6.3.8.

11.4 Absatz und Betriebsplanung

Wenn ich mir als Schriftsteller vornehme, meine Lieblingsschuhe mit den abgelaufenen Absätzen einmal wieder zum Schuster zu bringen, dann habe ich auch einen „Absatzplan". – Im Folgenden geht es aber um den Absatz der für den Verkauf bestimmten Waren und somit um einen Verkaufsplan.

Man könnte die Absatzplanung auch an den Anfang aller betriebsplanerischen Überlegungen stellen; denn wenn man nicht weiß, mit welchen Umsätzen man rechnen kann, weiß man auch nicht, welche Erzeugung man planen soll, welcher Bedarf an Roh-, Hilfs- und Betriebsstoffen sich aus der Produktion ergibt, und auch nicht, welche finanziellen Mittel benötigt bzw. erwirtschaftet werden. Und schließlich lässt sich natürlich auch kein Erfolg ermitteln, wenn keine Umsatzzahlen vorliegen.

Der **Absatzplan im engeren Sinne** ist ein **Umsatzplan**. Er basiert, als kurzfristiger Absatzplan, auf dem langfristigen Absatzplan und ist eine mengen- und wertmäßige Aufstellung der erwarteten Verkäufe, zum Teil nach Waren, Warengruppen und Absatzräumen gegliedert. Zur **Absatzplanung im weiteren Sinne** gehören jedoch auch Marktforschung, Produkt- und Sortimentspolitik, Untersuchung von Vertriebswegen, Kostenanalysen usw. Bezüglich der Zuständigkeit zur Schaffung derartiger Planungsinstrumente siehe Kap. 8 (Controlling).

Wenn die Absatzplanung über die reine Umsatzplanung hinausgeht und sich mit **Marktforschung** befasst, dann spricht man von **Marketing**.

> **Marketing** schließt alle Überlegungen und Maßnahmen mit ein, die dazu dienen, die Ware abzusetzen und gleichzeitig neue Kundenbedürfnisse zu wecken.

Zur Marktforschung gehört eine **Marktanalyse**, in der das Käuferpotenzial für die einzelnen Erzeugnisse und der Bedarf ermittelt wird – und eine **Marktbeobachtung**, um Veränderungen, Bedarfsschwankungen, Modeerscheinungen usw. festzustellen. Dabei werden gleichzeitig Rückschlüsse auf Konkurrenzprodukte und Verkaufsstrategien von Konkurrenzunternehmen sowie deren Auswirkungen am Markt untersucht.

11.5 Erfolg und Betriebsplanung

Auch der Erfolg lässt sich nur planen, wenn Planzahlen über die Beschaffung und den Absatz vorliegen. Unter Berucksichtigung der Absatzplanung/Umsatzplanung lassen sich die Planzahlen der Umsatzerlöse aufbereiten. Zu den Plankosten (Budgetkostenrechnung) der kurzfristigen Erfolgsrechnung siehe Kap. 6.3.5 (Kostenrechnung).

> Die **Erfolgsplanung** ermittelt durch Gegenüberstellung von voraussichtlichen Kosten und Erlösen das geplante Betriebsergebnis.

In der Regel wird für das Geschäftsjahr ein **Erfolgsplan** erstellt, der in Quartale oder auch Monate untergliedert wird. Dabei bleiben betriebsfremde und außerordentliche Aufwendungen und Erträge außer Ansatz, wogegen die kalkulatorischen Kosten im Erfolgsplan berücksichtigt werden. Ansonsten gliedert man den Erfolgsplan wie die Gewinn- und Verlustrechnung, wobei jedoch für jedes Kosten- und Erlöskonto ein Plansatz gebildet wird.

Sowohl bei den genannten Planungsinstrumenten als auch bei Durchführung von **Soll-Ist-Vergleichen** ist eine genaue Kommentierung der Ansätze und der **Planabweichungen** von besonderer Bedeutung. So ist es z. B. wichtig, die Abweichungen nach **Mengenwirkung** und **Preiswirkung** zu unterteilen und zu erläutern, um zu keinen falschen Rückschlüssen zu gelangen. Dies kann sowohl auf der Erlösseite, als auch auf der Kostenseite erforderlich sein. Wenn beispielsweise bei verkauften Erzeugnissen zwischen Planzahl und Istzahl eine Preiserhöhung stattgefunden hat, kann dies auch bei einem Umsatzrückgang zu mehr Erlösen geführt haben. Auch Preisnachlässe und Rabatte beeinflussen den Soll-Ist-Vergleich bei den Erlösen. Auf der Kostenseite, z. B. bei den Energiekosten, kann eine Preissteigerung in den Arbeitspreisen zu Mehrkosten im Kostenvergleich geführt haben, wogegen durchaus der Energieverbrauch gleichgeblieben oder sogar gesunken sein kann. Aber auch bei der Mengenwirkung, um bei dem Beispiel der Energie zu bleiben, ist eine Analyse und Kommentierung der Ursachen wichtig. Es könnte zum Beispiel ein neues Produktionsverfahren zu Kostensteigerungen oder auch zu Kosteneinsparungen geführt haben.

Soll-Ist-Abweichungen im Erfolgsplan werden nicht nur **wertmäßig**, sondern auch **prozentual** ausgewiesen. Abgesehen von der Darstellung der Planabweichungen werden auch die Periodenabweichungen dargestellt und ebenso analysiert und erläutert.

12 Unvermeidbar! – Steuern

Entgegen sonstiger Gepflogenheiten habe ich mir das Thema „Steuern" bis zum Schluss aufgehoben. Aber ganz ersparen kann ich es Ihnen nicht! Eigentlich sollten wir ja auch alle mit Freuden treu, brav und ehrlich unsere Steuern zahlen. Sie dienen doch ausschließlich unseren eigenen Interessen. – Oder sagen wir besser: So sollte es sein!

Der Begriff „Steuern" ist in § 3 der **Abgabenordnung** (AO) definiert.

> **§ 3 AO – Steuern, steuerliche Nebenleistungen**
>
> Steuern sind Geldleistungen, die nicht eine Gegenleistung für eine besondere Leistung darstellen und von einem öffentlich-rechtlichen Gemeinwesen zur Erzielung von Einnahmen allen auferlegt werden, bei denen der Tatbestand zutrifft, an den das Gesetz die Leistungspflicht knüpft; die Erzielung von Einnahmen kann Nebenzweck sein.

Halten wir fest, dass Steuern Geldleistungen ohne direkte Gegenleistung sind, die an ein öffentlich-rechtliches Gemeinwesen zu zahlen sind, also an Bund, Länder, Gemeinden. Steuerpflichtiger kann eine natürliche oder eine juristische Person sein. Nach dem Gegenstand der Besteuerung unterscheidet man
- Besitzsteuern,
- Verkehrssteuern und
- Verbrauchsteuern.

Besitzsteuern versteuern Ertrag, Einkommen und Vermögen. Die wesentlichen Besitzsteuern sind:
- Einkommensteuer,
- Körperschaftsteuer,
- Grundsteuer,
- Gewerbesteuer.

Die wesentlichste **Verkehrssteuer** ist die **Umsatzsteuer**. Zu den Verkehrssteuern gehören u. a. auch die **Grunderwerbsteuer** und die **Kraftfahrzeugsteuer**.
Verbrauchsteuern belasten den Verbrauch, z. B. die **Energiesteuer** für Erdöl und Benzin usw.
Den höchsten Anteil des Steueraufkommens in Deutschland bilden die Einkommensteuer, zu der auch die Lohnsteuer gehört, die Körperschaftssteuer bei den Besitzsteuern sowie die Umsatzsteuer als Verkehrssteuer.

12.1 Besitzsteuern

Einkommensteuer
Mit der Einkommensteuer werden die **Einkünfte natürlicher Personen** besteuert. Dazu gehören beispielsweise Gewerbebetriebe, Land- und Forstwirtschaftsbe-

triebe und andere Selbständige. Einkünfte aus nichtselbständiger Arbeit unterliegen der Lohnsteuer, die ebenfalls Teil der Einkommensteuer ist. Rechtsgrundlage für die Einkommensteuer ist das **Einkommensteuergesetz, EStG**. Die darin geregelten Einkunftsarten sind nachfolgend aufgeführt:

Einkunftsarten nach EStG

- Einkünfte aus Land- und Forstwirtschaft,
- Einkünfte aus Gewerbebetrieb,
- Einkünfte aus selbständiger Arbeit,
- Einkünfte aus nichtselbständiger Arbeit,
- Einkünfte aus Kapitalvermögen,
- Einkünfte aus Vermietung und Verpachtung,
- sonstige Einkünfte.

Als Einkünfte aus Land- und Forstwirtschaft, Gewerbebetrieb und selbständiger Arbeit gilt der ermittelte Gewinn. Bei den anderen Einkunftsarten werden die Einnahmen nach Abzug der Werbungskosten versteuert. Als **Werbungskosten** gelten die Aufwendungen, die zur Erwerbung, zum Erhalt und zur Sicherung der Einnahmen anfallen.

Die **Lohnsteuer** wird durch die Arbeitgeber ermittelt, direkt vom Arbeitslohn einbehalten und an die zuständigen Finanzämter abgeführt. Hierbei liegt der Besitzsteuer also gar nicht erst ein „Besitz" zugrunde; denn die Arbeitnehmer kommen ja de facto nur in den Besitz ihrer Nettolöhne.

Körperschaftsteuer

Das Einkommen juristischer Personen, also der Kapitalgesellschaften, Genossenschaften, Versicherungsvereine usw., wird mit der Körperschaftsteuer besteuert. Rechtsgrundlage für die Körperschaftsteuer ist das **Körperschaftsteuergesetz, KStG**. Wie bei der Einkommensteuer ist auch für die Körperschaftsteuer eine jährliche Steuererklärung abzugeben.

Grundsteuer

Im Gegensatz zur Einkommensteuer inkl. Lohnsteuer und der Körperschaftsteuer ist die Grundsteuer nicht an das Finanzamt zu zahlen, sondern an die zuständige Gemeinde. Die Grundsteuer wird auf unbebauten und bebauten Grundbesitz erhoben. Rechtsgrundlage ist das **Grundsteuergesetz, GrStG**. Als zuständig gilt die Gemeinde, in der das betreffende Grundstück liegt.

Gewerbesteuer

Auch die Gewerbesteuer fließt nicht an das Finanzamt, sondern wie die Grundsteuer an die zuständige Kommune. Gewerbesteuer ist von allen gewerblichen Unternehmen auf den Gewerbeertrag, wie er sich aus dem einkommen- oder körperschaftsteuerlichen Gewinn errechnet, zu zahlen. Rechtsgrundlage ist das

Gewerbesteuergesetz, GewStG. Die Gewerbesteuereinnahmen sind eine Hauptursache dafür, dass die Städte an der Ansiedlung von Gewerbebetrieben in ihren Stadtgrenzen besonders interessiert sind. Da die Kommunen für die Berechnung eigene Hebesätze festlegen, kann die Gewerbesteuer zwischen verschiedenen Orten erheblich schwanken und dadurch auch über den Standort eines Gewerbebetriebes entscheiden. Das führt dazu, dass einige Städte ihre Gewerbesteuer extrem niedrig ansetzen, um sich für die Niederlassung von Unternehmen besonders attraktiv zu machen.

12.2 Verkehrssteuern

Umsatzsteuer

Die wichtigste Verkehrssteuer ist die Umsatzsteuer. Sie ist die Steuerart mit dem höchsten Steueraufkommen. Wie der Name sagt, wird sie auf den Umsatz erhoben. Dies trifft jedoch im Grunde nur für den Endverbraucher zu, der über den Preis die volle Umsatzsteuer zu zahlen hat. Die Unternehmen, die die Umsatzsteuer an das Finanzamt abzuführen haben, versteuern jeweils lediglich die eigene **Wertschöpfung**, oder mit anderen Worten den „Mehrwert". Deshalb bezeichnet man die Umsatzsteuer auch als **Mehrwertsteuer**. Rechtsgrundlage ist das **Umsatzsteuergesetz, UStG**. Die Unternehmen versteuern zu dem jeweils gültigen Mehrwertsteuersatz ihre Umsätze und können dabei die ihnen in Rechnung gestellte Umsatzsteuer wieder als **Vorsteuer** in Abzug bringen. Somit weisen die an das zuständige Finanzamt abzugebenden Umsatzsteuererklärungen die sich aus den getätigten Umsätzen ergebende Mehrwertsteuer und die aus bezogenen Lieferungen und Leistungen angefallene Vorsteuer aus. Die sich aus Mehrwertsteuer und Vorsteuer ergebende Differenz ist die sogenannte **Zahllast**, welche die Unternehmen an das Finanzamt abzuführen haben. Somit wird auf jeder Produktionsstufe oder auch Handels- und Dienstleistungsstufe immer nur der Mehrwert versteuert. Unter dem Strich erhält also der Bund die Mehrwertsteuer insgesamt „nur" auf den Endverbraucherpreis. Da wir als Endverbraucher und Konsument keine Möglichkeit eines Vorsteuerabzuges haben, müssen wir letztendlich die gesamte im Verkaufspreis enthaltene Mehrwertsteuer alleine tragen.

Das würde ja aber bedeuten, dass die Unternehmen auf ihre Umsätze gar keine Steuern zahlen!? – Und genau das möchte ich nachstehend an einem Beispiel darstellen.

Vorgang 1: Verkehrssteuern beim Großhändler

Ein Großhändler erhält von einem Produzenten folgende Rechnung:

Ware	1 000 Euro
19 % MwSt.	190 Euro
Rechnungsbetrag	1 190 Euro

Bei einem Rohgewinnaufschlag von 100 % berechnet er dem Einzelhändler:

Ware	2 000 Euro
19 % MwSt.	380 Euro
Rechnungsbetrag	2 380 Euro

Umsatzsteuererklärung des Großhändlers:

Mehrwertsteuer	380 Euro
Vorsteuer	190 Euro
Zahllast	190 Euro

Was hat der Großhändler über den Warenwert hinaus de facto bezahlt?
190 Euro an den Produzenten
190 Euro an das Finanzamt
= 380 Euro

Diese 380 Euro bekommt der Großhändler vom Einzelhändler über den Warenwert hinaus wieder zurück.

Vorgang 2: Verkehrssteuern beim Einzelhändler

Nehmen wir an, der Einzelhändler berechnet dem Endabnehmer mit einem Rohgewinnaufschlag von 100 %:

Ware	4 000 Euro
19 % MwSt.	760 Euro
Rechnungsbetrag	4 760 Euro

Umsatzsteuererklärung des Einzelhändlers:

Mehrwertsteuer	760 Euro
Vorsteuer	380 Euro
Zahllast	380 Euro

Was hat der Einzelhändler über den Warenwert hinaus de facto bezahlt?
380 Euro an den Großhändler
380 Euro an das Finanzamt
= 760 Euro

Diese 760 Euro bekommt der Einzelhändler vom Endabnehmer über den Warenwert hinaus wieder zurück.

In den Beispielen betrug die Wertschöpfung insgesamt 3 000 Euro, darauf wurden 570 Euro (19 %) vom Großhändler und Einzelhändler insgesamt an das Finanzamt abgeführt. Steuerlich nicht berücksichtigt wurde hier bisher der Einstandspreis des Großhändlers mit 1 000 Euro und somit 190 Euro Mehrwertsteuer. Insgesamt sind dem Finanzamt also daraus 760 Euro zugeflossen, die der Endabnehmer an den Einzelhändler bezahlt hat. Wie man an den Beispielen gut sehen kann, haben die Unternehmen jeweils ihren Mehrwert versteuert und diese Steuer auch an das Finanzamt abgeführt, die bezahlte Mehrwertsteuer zuzüglich der an den Lieferanten gezahlten Umsatzsteuer (Vorsteuer) jedoch ihrem Kunden in Rechnung gestellt und somit voll neutralisiert bekommen.

Erwähnt sei abschließend noch, dass es eine Sonderregelung für Kleinunternehmen gibt, die bei Unterschreitung einer Umsatzgrenze keine Mehrwertsteuer zahlen müssen. Das hat zur Folge, dass sie ihre Lieferungen und Leistungen günstiger anbieten können, als die mehrwertsteuerpflichtige Konkurrenz. Dies hat für die Kleinunternehmer allerdings den Nachteil, dass sie dann auch keine Vorsteuer geltend machen dürfen. Demzufolge steht ihnen ein Recht zu, sich durch **„optieren"** dennoch freiwillig der Mehrwertsteuer zu unterwerfen. – Man könnte hier fragen: „Warum sollten sie das tun?" Die Antwort ist simpel: Solange ein Unternehmen die berechnete Mehrwertsteuer von seinen Kunden über den Preis bezahlt bekommt, reduziert ja jeder Euro Vorsteuer seine eigenen Kosten und das ist obendrein auch noch liquiditätswirksam.

Klingt das etwas irritierend für Sie? – Nehmen wir an, im vorstehenden Beispiel wäre der Einzelhändler nicht mehrwertsteuerpflichtig, er würde seinen Kunden somit 760 Euro weniger berechnen und brauchte gleichzeitig die 380 Euro Zahllast nicht an das Finanzamt zu zahlen. Er hätte also 380 Euro weniger in der Kasse, und das ist die Umsatzsteuer, die er an den Großhändler gezahlt hat und nun nicht als Vorsteuer vom Finanzamt erstattet bekommt bzw. absetzen kann. Somit würde, wenn er als Kleinunternehmer nicht optiert hätte, sein Einstandspreis der Ware um 380 Euro höher.

Fazit: Bei Verzicht auf die Kleinunternehmerregelung wird durch dieses Optieren jeder Euro in Anspruch genommener Vorsteuer für das Unternehmen zusätzlicher Reingewinn!

Ich hoffe, dass diese Betrachtung über die Umsatzsteuer für den einen oder anderen Leser einmal ganz interessant war.

Grunderwerbsteuer

Rechtsgrundlage der Grunderwerbsteuer ist das **Grunderwerbsteuergesetz, GrEStG**. Die Grunderwerbsteuer besteuert den Umsatz von Grundstücken. Hierüber ergeht ein Grunderwerbsteuerbescheid durch das zuständige Finanzamt. Die Kaufverträge müssen notariell beurkundet sein, und die Notare sind verpflichtet, dem jeweils zuständigen Finanzamt den Verkauf zu melden. Die Umschreibung der Eigentümer im Grundbuch erfolgt erst dann, wenn die Grunderwerbsteuer bezahlt ist. Die Besteuerung erfolgt prozentual auf die Gegenleistung oder den Wert des

Grundstücks, wobei der Steuersatz in den einzelnen Bundesländern unterschiedlich hoch ist.

Weitere Verkehrssteuern sind zum Beispiel die Kraftfahrzeugsteuer, Rennwett- und Lotteriesteuern, Versicherungssteuern u. a.

12.3 Verbrauchsteuern

> **Verbrauchsteuern** werden überwiegend auf Güter des Massenkonsums erhoben und werden nach den Gütern benannt, die durch die Steuer belastet werden.

Steuerpflichtig ist das jeweilige Unternehmen, das die Erzeugnisse auf den Markt bringt. Die durch Bundesgesetze geregelten Verbrauchsteuern nimmt der Zoll ein, der auch das Branntweinmonopol verwaltet. Da die Verbrauchsteuern über den Preis an den Endverbraucher abgewälzt werden, gehören sie wie die Umsatzsteuer zu den **indirekten Steuern**. Die bekannteste und wohl auch schmerzlichste Verbrauchsteuer ist die **Energiesteuer**. Sie belastet über Erdöl, Benzin und Diesel sowohl die Unternehmen als auch fast jeden Bürger. Die Energiesteuer hat im Jahr 2006 die **Mineralölsteuer** abgelöst und erfasst nun neben dem genannten Mineralöl z. B. auch Steinkohle, Braunkohle und Koks. Bei den Verbrauchsteuern ist die Energiesteuer die ertragreichste Einnahmequelle, wobei insgesamt die Verbrauchsteuern die bedeutendsten Einnahmen der Zollverwaltung ausmachen.

Die Art der Güter, auf die Verbrauchsteuern erhoben werden, bleibt nicht grundsätzlich immer gleich. Während der Bund einige Erzeugnisse inzwischen nicht mehr mit Verbrauchsteuer belegt, werden auch neue Einnahmequellen erschlossen. So wurde beispielsweise im Jahre 1999 eine **Stromsteuer** eingeführt. Die zweitertragreichste Verbrauchsteuer nach der Energiesteuer ist trotz vieler Antiraucherkampagnen immer noch die **Tabaksteuer**. Weitere Verbrauchsteuern sind die **Kaffeesteuer**, **Branntweinsteuer**, **Schaumweinsteuer** und **Biersteuer**.

Hierzu scheint mir erwähnenswert, dass die Biersteuer den Bundesländern zufließt und nicht beim Bund verbleibt. Also haben wir es im Ruhrgebiet doch immer richtig gemacht und mit der Bierflasche in der Hand etwas für unser Bundesland getan.

Lassen Sie mich das Kapitel „Steuern" mit einer in den letzten Jahren in Mode gekommenen Redewendung beschließen: Es wäre schön, wenn das Zahlen von Steuern immer auch eine „Win-win-Situation" wäre! – Dann hätten auch Bund, Länder und Kommunen im Umgang mit dem Geld der Bürger alles richtig gemacht.

Schlusswort – und tschüss!

> Die Menschen sind immer noch Sammler. Zu 1% sammeln sie Briefmarken und Pilze und zu 99% Erfahrungen.

Jahrzehntelange berufliche Erfahrungen haben es mir erleichtert, Ihnen die theoretischen Kenntnisse der Betriebswirtschaftslehre zu erklären und hoffentlich auf eine für Sie interessante und lehrreiche Art näherzubringen.

Wenn ich den trockenen Stoff gelegentlich mit ein paar Späßen garniert habe, sehen Sie es mir bitte als meinen persönlichen Stil nach. Vielleicht haben Sie sich ja auch an der einen oder anderen Stelle amüsieren können – das würde mich freuen! Lernen ist doch erst wirklich schön, wenn es auch Spaß macht.

Ich danke Ihnen, liebe Leserin, lieber Leser, für Ihr Interesse und Ihre Aufmerksamkeit und würde mich freuen, wenn Ihre Erwartungen an dieses Buch in vollem Umfange erfüllt worden sind.

Ihr Heinz-E. Klockhaus

Glossar

Abgrenzungsposten: Posten der Rechnungsabgrenzung werden in der Bilanz aktiv oder passiv gebildet, um Aufwand und Ertrag periodengerecht abzugrenzen.

AfA: AfA bedeutet „Absetzung für Abnutzung". Es handelt sich dabei um die Abschreibung auf Posten des Anlagevermögens.

Aktie: Wertpapier, Anteil an einer Aktiengesellschaft.

Aktiva: Linke Seite der Bilanz.

Aktiv-Passiv-Mehrung: Zunahme der Bilanzsumme.

Aktiv-Passiv-Minderung: Abnahme der Bilanzsumme.

Aktivtausch: Gleichzeitige Zu- und Abnahme zwischen Aktivposten der Bilanz.

Akzept: Schriftliche Annahmeerklärung auf einem Wechsel. Der akzeptierte Wechsel wird auch „Akzept" genannt.

Anlagespiegel (Anlagennachweis): Aufstellung der Posten des Anlagevermögens mit Darstellung der Entwicklung von Anschaffungs- und Herstellungskosten und der Abschreibungen.

Anlagevermögen: Grundstücke, Gebäude, Maschinen, Einrichtung und Ausstattung usw., Aktivposten der Bilanz.

Ausbeute: Gewinn einer bergrechtlichen Gewerkschaft.

Besitzwechsel: Wertpapier als Zahlungsmittel im eigenen Besitz, Aktivposten der Bilanz.

Bezugskosten: Aufwand, der bei der Anschaffung eines Gutes zusätzlich zum Einkaufspreis entsteht, wie Frachten, Zölle, Rollgelder.

Bilanzanalyse: Untersuchung der Bilanz in formeller und materieller Hinsicht zur Beurteilung der Vermögens-, Finanz- und Ertragslage eines Unternehmens unter Zuhilfenahme von Kennzahlen und betrieblichen Kennziffern.

Bonus: Sondervergütung, die einem Kunden nachträglich gewährt wird (auch bei Sonderzahlungen an Aktionäre usw. spricht man von „Bonus").

Cash-Flow: Ermittlung des Finanzmittelüberschusses durch Gegenüberstellung von zahlungswirksamen Aufwendungen und Erträgen.

Debitoren: Forderungen aus Warenlieferungen und Leistungen, Aktivposten der Bilanz.

Delkredere: In der Buchführung bezeichnet man die Wertberichtigung von Forderungen als „Delkredere". Sie wird für drohende Forderungsausfälle gebildet und auf der Passivseite der Bilanz ausgewiesen.

Diskontierung: Verkauf eines später fällig werdenden Wechsels.

Doppik: Doppelte Buchführung, weil jeder Vorgang doppelt erfasst wird, nämlich im Soll und im Haben.

Dubiose: Zweifelhafte Forderungen, die aufgrund des Ausfallrisikos als gesonderte Aktivposten in der Bilanz ausgewiesen werden müssen.

Eigenkapital: Das vom Unternehmer im Unternehmen angelegte eigene Kapital. Eigenkapital ist eine Vermögensquelle und als Passivposten in der Bilanz auszuweisen.

Emission: Ausgabe von Aktien.

Fremdkapital: Im Gegensatz zum Eigenkapital aufgenommene Schulden, also durch fremde Mittel aufgenommenes Kapital. Fremdkapital ist ebenfalls eine Vermögensquelle und als solche auch ein Passivposten der Bilanz.

GuV: Gewinn- und Verlustrechnung mit Gegenüberstellung von Aufwand und Ertrag zur Ermittlung des Jahresergebnisses. Die GuV ist ein Unterkonto vom Eigenkapital und schließt mit ihrem Saldo (Gewinn oder Verlust) auch dorthin ab.

Inventar: Bewertetes Verzeichnis aller Vermögensgegenstände und Schulden des Unternehmens.

Inventur: Die Tätigkeit zur Aufstellung des Inventars, also die körperliche Bestandsaufnahme von Vermögen und Schulden.

Kennzahlen/Kennziffern: Sie dienen der Betriebsanalyse bzw. Bilanzanalyse und sind in erster Linie Verhältniszahlen z. B. für Liquidität, Rentabilität und Wirtschaftlichkeit.

Kommanditist: Teilhafter einer KG.

Kommissionär: Kaufmann, der gewerbsmäßig Waren für Rechnung eines anderen im eigenen Namen verkauft.

Komplementär: Vollhafter einer KG.

Konten: Zweiseitige Darstellung der Bewegungsvorgänge der einzelnen Vermögens-, Kapital- und Erfolgswerte. Die Konten sind eine aufgegliederte Bilanz in ihre einzelnen Positionen.

Kontokorrentkredit: Kurzfristiger Kredit, den der Kreditnehmer durch Verfügungen über sein Konto bis zur vereinbarten Kreditlinie in Anspruch nehmen kann.

Kreditlinie: Einem Kreditnehmer entsprechend der Kreditzusage eingeräumter Kreditbetrag.

Kreditoren: Verbindlichkeiten aus Lieferungen und Leistungen, Passivposten der Bilanz.

Kuxe: Anteilscheine einer bergrechtlichen Gewerkschaft.

Lombardkredit: Von einer Bank gegen Verpfändung von Wertpapieren oder leicht veräußerbaren Vermögensgegenständen gewährter kurzfristiger Kredit.

Mehrwertsteuer: Es handelt sich um die Umsatzsteuer auf die getätigten Lieferungen und Leistungen. Der Begriff „Mehrwertsteuer" basiert darauf, dass tatsächlich nur der „Mehrwert" zu versteuern ist und die Steuer nach Abzug der Vorsteuer (siehe dort) zu entrichten ist.

Neutrale Aufwendungen: Aufwand, der nicht aus den betrieblichen Leistungen resultiert, sondern betriebsfremd, periodenfremd oder außerordentlich ist.

Nutzungsdauer: Das ist der Zeitraum, über den ein Wirtschaftsgut betrieblich genutzt werden kann, salopp gesagt „die gewöhnliche Lebensdauer" von Anlagegütern.

Ökonom: Wirtschaftswissenschaftler.

Ökonomie: Wirtschaftlichkeit, Lehre von der Wirtschaft.

Optieren: Verzicht auf die Anwendung der Kleinunternehmerregel bei der Umsatzsteuer.

Organigramm: Organisationsplan.

Passiva: Rechte Seite der Bilanz.

Passivtausch: Gleichzeitige Zu- und Abnahme zwischen Passivposten der Bilanz.

Periode: Zeitraum, Abrechnungsperiode. In der Buchführung ist damit in der Regel das Geschäftsjahr gemeint.

Rabatt: Prozentualer Abzug vom Kaufpreis, zum Beispiel für schnelle Zahlung (Skonto), als Mengenrabatt usw.

Rechnungswesen: Das Rechnungswesen ist die Gesamtheit der Aufzeichnungen aus Buchführung, Kostenrechnung, Statistik und Planungsrechnung.

Rohgewinn: Differenz zwischen Umsatzerlösen und Wareneinsatz.

Rücklagen: Rücklagen sind gesetzlich oder freiwillig gebildete Teile vom Eigenkapital und somit auf der Passivseite der Bilanz auszuweisen.

Rückstellungen: Rückstellungen sind Fremdkapital. Sie werden z. B. für unterlassene Instandhaltung, für Prozesskosten, Steuern usw. gebildet und sind auf der Passivseite der Bilanz auszuweisen.

Saldo: Saldo ist der Betrag, um den eine Seite des Kontos größer ist als die andere. Bei Bestandskonten z. B. schließt dieser Saldo in die Schlussbilanz ab, bei Erfolgskonten in die Gewinn- und Verlustrechnung.

Schuldwechsel: Passivposten in der Bilanz für ein abgegebenes Zahlungsversprechen auf einem Wechsel.

Skonto: Von Lieferanten an Kunden gewährter Barzahlungsrabatt für Zahlung vor Fälligkeit.

Solawechsel: Solawechsel ist ein eigener Wechsel mit dem Zahlungsversprechen des Ausstellers.

Stückliste: Aufstellung aller Bestandteile eines Erzeugnisses.

Summenbilanz: Die Summenbilanz dient Jahres- und Zwischenabschlüssen. Sie ist eine Aufstellung aller Konten mit ihren Soll- und Habensummen.

Transitorische Posten: Bilanzpositionen für Aufwand oder Ertrag, deren Erfolg in einer späteren Periode als die Zahlung liegt (siehe Abgrenzungsposten). Sie dienen der Periodenabgrenzung.

Tratte: Die Tratte ist ein Schuldwechsel (siehe dort).

Umsatzsteuer: Steuer auf Lieferungen und Leistungen eines Unternehmers gegen Entgelt (siehe auch Mehrwertsteuer und Vorsteuer).

Verbindlichkeiten: Im Geschäftsverkehr gleichzusetzen mit Schulden, als Passivposten in der Bilanz auszuweisen.

Vermögenswerte: Das zu einem bestimmten Zeitpunkt bewertete, dem Betrieb dienende Gesamtvermögen. Es ist die Summe aller Aktivposten der Bilanz.

Vorsteuer: Vorsteuer ist die Umsatzsteuer, die einem Unternehmer beim Erwerb von Lieferungen und Leistungen in Rechnung gestellt wird und die er gegen seine zu zahlende Umsatzsteuer verrechnet (siehe Mehrwertsteuer).

Wechsel: Der Wechsel ist ein Wertpapier mit dem Zahlungsversprechen, eine bestimmte Geldsumme zu zahlen (siehe auch Besitzwechsel, Diskontierung, Schuldwechsel, Solawechsel, Tratte, Wechseldiskont).

Wechseldiskont: Berechnete Zinsen bei der Diskontierung (siehe dort) eines Wechsels bis zur Fälligkeit.

Zedent: Person, die eine Forderung abtritt.

Zessionar: Person, an die eine Forderung abgetreten wird.

Sachregister

A
ABC-Analyse von Lieferanten 113
Abgabenordnung 118
Abmahnung 73
Absatz 1
Absatzbereich 51
Absatzplanung 116
Abschreibung
–, direkte 38
–, indirekte 38
–, von Forderungen 38
Absetzung für Abnutzung (AfA) 34
absolut fixe Kosten 41
Akkordlohn 66
Aktien 13
Aktiengesellschaft (AG) 13 f.
Aktiengesetz (AktG) 15
Aktiva 32
Aktiv-Passiv-Mehrung 32, 34
Aktiv-Passiv-Minderung 32, 34
Aktivtausch 32
Akzept 94
Amortisationsrechnung 99
Angestellte 19
Anlagenbuchhaltung 39
Anlagespiegel 40
Anlagevermögen 55
Anleihen 96
antizipative Posten 35
Arbeiter 19
Arbeitgeber 20
Arbeitnehmer 20
Arbeitsbedingungen 69
Arbeitsentgelt 65
Arbeitsplatzanalyse 62
Arbeitsplatzbeschreibung 61
Arbeitsvorbereitung 109
Aufsichtsrat 12 f.
Auftragsbearbeitung 29
Aufwandsrückstellung 35
Aufwendungen 34
Ausbeute 12
Ausbildung, kaufmännische 20 ff.
Ausbildungsvertrag 21
Ausfallbürgschaft 97
autoritärer Führungsstil 82

B
Bankbürgschaft 97
Barwert 100
Berufsbildungsgesetz 20
Beschaffung 1, 23
Beschäftigungsgrad 44 f.
Besitzsteuern 118
Besitzwechsel 94
Bestandskonten 31
Bestellbestand 114

Betrieb 3 f.
betriebliche Kennziffern 52
Betriebsabrechnungsbogen (BAB) 43
Betriebsklima 69
Betriebskosten 99
Betriebsplanung 112 ff.
Betriebsstatistik 50
Betriebsvereinbarungen 65
Betriebswirtschaftslehre (BWL) 1
Bilanz 31
Bilanzanalyse 51, 91
Bilanzrechtsmodernisierungsgesetz
   (BilMoG) 36
Bilanzregel, goldene 53
Break-Even-Point 50
Bruttoinvestition 98
Buchführung
–, Aufgaben 31
–, doppelte 31
buchhalterische Kosten 41
Budgetkostenrechnung 44
Bürgschaft 96 f.

C
Cash-Flow 58 f.
Controlling 86 f.

D
Darlehen 95
Debitorenbuchhaltung 37 f.
Deckungsbeitrag 47
Deckungsbeitragsrechnung 47 ff.
Delkredere 38
demokratischer Führungsstil 83
Direct Costing 47 f.
Diskontierung eines Wechsels 94
Divisionskalkulation 45
Doppik 31
Dubiose 38

E
Eigenkapital 13 f., 31 ff., 52 ff., 88 ff.
Einheitskosten 42
Einkauf 25
Einkommensteuergesetz (EStG) 119
Einrede der Vorausklage 97
Einzelfirma 7
Einzelprokura 19
eiserner Bestand 26, 114
Emission 15
empfangsbedürftige Willenserklärung 71
Endproduktlager 29
Energiesteuer 118, 123
Entlohnungsarten 65 ff.
Erfolgskonten 31
Erfolgskosten 34
Erfolgsplanung 56, 117

Erfolgsrechnung 34, 43, 48, 117
Erfolgsziele des Managements 76
Erfüllungsbürgschaften 97
Ergebniskontrolle 78
Eröffnungsbilanz 31 f.
Ersatzinvestition 98
Erträge 34
Ertragssteigerungen 99
Erweiterungsinvestition 98
Erweiterungsinvestitionen 99
externes Rechnungswesen 30

F
Fakturierung 30
Faustpfand 92
Fertigungsverfahren 106
Finanzierung 1, 52, 88 f.
Finanzplan 55 ff.
Finanzwirtschaft 88 ff.
Fixkostendeckungsrechnung 48
Fixum 28
Forderungsabtretung 92
freie Rücklagen 36
Fremdfinanzierung 52, 90 ff.
Fremdkapital 11, 32, 35, 52 f., 88 ff., 95
fristlose Kündigung 73
Führungsebenen 19
Führungsentscheidungen 77
Führungsstil 81 ff.
-, autoritärer 82
-, demokratischer 83
-, kooperativer 82
-, patriarchalischer 82
Funktionsprinzip 25
Fürsorgepflicht 22

G
geldwirtschaftlicher Prozess 88, 97, 102
Gemeinkosten
-, echte 42
-, unechte 42
Gesamtkosten 42
Gesamtprokura 19
Geschäftsbuchhaltung 31 ff.
Geschäftsführung 18
Gesellschaft bürgerlichen Rechts (GbR) 7
Gesellschafter 7
Gesellschafterversammlung 12
Gesellschaft mit beschränkter Haftung (GmbH) 12
gesetzliche Rücklage 35
Gewährleistungsbürgschaft 97
Gewerbesteuergesetz (GewStG) 120
Gewinnrücklage 35
Gewinn- und Verlustrechnung (GuV) 36
Gewinnvergleichsrechnung 99
gezogener Wechsel 94
Globalzession 93
GmbH & Co. KG 16
GmbH-Gesetz 13

Grenzkostenrechnung 47
Grunderwerbsteuer 118
Grunderwerbsteuergesetz (GrEStG) 122
Grundkapital 13
Grundsteuergesetz (GrStG) 119
güterwirtschaftlicher Prozess 88

H
Haftung 6, 8 ff., 15 f.
Handelsgesetzbuch (HGB) 9
Handelsvertreter 27
Handlungsvollmacht 19
Hauptversammlung 14
Herstellkosten 45
Hypothek 95
Hypothekardarlehen 96

I
Industrie- und Handelskammern 21
internes Rechnungswesen 30, 40
Inventar 31
Inventur 31
Investition 97 ff.
Investitionsneigung 98
Investitionspolitik 98
Investitionsrechnungsverfahren 98 ff.

J
Jahreserfolg 36
Job Enrichment 69
Job Enlargement 69
Job Rotation 70
juristische Person 11

K
Kalkulation 45 ff.
kalkulatorische Kosten 41
Kapazitätsengpass 110
Kapital 88
Kapitalbedarf 6, 55
Kapitalflussrechnung 58
Kapitalgesellschaft 11 ff.
Kapitalkosten 99
Kapitalrücklage 35
Kapitalwert 100
Kennziffern, betriebliche 52
Kommanditgesellschaft (KG) 10
Kommanditgesellschaft auf Aktien (KGaA) 15
Kommanditist 10
Kommissionär 90
Kommissionsgeschäft 90
Komplementär 10
Konkurrenzklausel 28
Konten 31–39, 91
Kontokorrentkredit 91
KonTraG 102
kooperativer Führungsstil 82
Körperschaftsteuergesetz, KStG 119
Kosten 40

Kostenanalyse 45
Kostenarten 40 ff.
Kostenrechnung 40 ff.
Kostenträger 43
Kostenträgerstückrechnung 45
Kostenträgerzeitrechnung 43
Kostenvergleichsrechnung 99
Kraftfahrzeugsteuer 118
Kreditlinie 91
Kreditorenbuchhaltung 38 f.
Kundenkredit 91
Kündigung
–, außerordentliche 73
–, fristlose 73
–, ordentliche 71
Kündigungsfrist 71
Kuxe 12

L
Lager 26
Lagerhaltung 1 f., 22, 114
Leistungsbeurteilung 71
Lieferanten, ABC-Analyse 113
Lieferantenkredit 90
Liquidität 52 ff.
Liquiditätsstatus 54
Logistik 114 f.
Lohnsteuer 119
Lombardkredit 92
Lowermanagement 75

M
Mahnwesen 37
Management
–, Aufgaben 75
–, Institutionen 75
–, Techniken 75
Management-by-Konzepte 79
Mantelzession 92
Marketing 116
Marktanalyse 116
Marktbeobachtung 116
Marktforschung 116
Marktwirtschaft 3
Materialdisposition 112
Materialwirtschaft, EDV-gestützte 114
Mehrwertsteuer 120 ff.
Meldebestand 114
Middlemanagement 75
Mitarbeiter
–, leitende 18
–, nicht leitende 18
Mitarbeiterführung 81
Motivation 83 ff.

N
natürliche Person 11
Nettoinvestition 98
Netzplan 109
Netzplantechnik 109

Neuinvestition 98 f.
Niederstwertprinzip 34
Nominalkapital 13
Nutzungsdauer 34, 40

O
Objektprinzip 25
Obligationen 96
Offene Handelsgesellschaft (OHG) 8
Offene Posten 37
Ökonomie 1
Optieren für die Umsatzsteuerpflicht 122
Organigramm 23 f.
Organisationsplan 23

P
Passiva 32
Passivtausch 32
patriarchalischer Führungsstil 82
Pauschalwertberichtigung 38
Periodenrechnung 31
Personal 19
Personalbeschaffung 61 ff.
Personalführung 81
Personalkosten 41
Personalwesen 1, 59 ff.
Personengesellschaft 7 ff.
Planabweichung 117
Plankosten 44
Planwirtschaft 3
Prämissenkontrolle 78
Preiswirkung 117
primäre Kosten 42
Produktionsfaktoren 17, 104
Produktionsprogramm 104 f.
Produktionsverfahren 106
Produktionswirtschaft 104 ff.
Programmdichte 106
Prokurist 19
Prozesskontrolle 78
Public Relation 28

R
Rabatt 50, 68, 117
Rationalisierungsinvestition 98 f.
Rechnung 30
Rechnungsabgrenzungsposten 34
Rechnungswesen 30 ff.
Rechtsform eines Unternehmens 5 f.
Refa-System 61
Reinvestition 98
Rentabilitätsrechnung 99
retrograde Termin- und Ablaufplanung 109
Risikomanagement 102 f.
Risikopolitik 102
Rohgewinn 121
Rücklagen 35
–, freie 36
–, gesetzliche 35

Rückstellungen 35
Rüstzeit 109

S
Sachkosten 41
Sachziele des Managements 76
Saldo 33, 36
Saldovortrag 33
Sales Promotion 27
Schlussbilanz 36
Schlüsselgrößen 44
Schuldrückstellung 35
Schuldschein 96
Schuldscheindarlehen 96
Schuldverschreibung 96
Schuldwechsel 94
sekundäre Kosten 42
Selbstfinanzierung 52
Selbstkosten 45
selbstschuldnerische Bürgschaft 97
Sicherungsübereignung 93
situativer Führungsstil 83
Skonto 39, 54, 90 f.
Solawechsel 94
Soll-Ist-Vergleich 39, 45, 51, 58, 78, 87, 112, 117
Sozialleistungen
–, freiwillige 68
–, gesetzliche 67
sprungfixe Kosten 41
Stammkapital 12
Statistik 50 f.
Stellenbeschreibung 61
Stellenbesetzungsplan 61
Steuern 118 ff.
–, indirekte 123
Stückgeldakkord 66
Stückkosten 45
Stückliste 113
Stücklistenauflösung 113

T
Tarifvertrag 65
Teilhafter 7, 10
Teilkostenrechnung 46
Teilschuldverschreibung 96
Topmanagement 19, 75
transitorische Aktiva 34
transitorische Posten 34
transitorische Passiva 35
Transportwesen 1
Tratte 94

U
Umlaufvermögen 55
Umsatzplan 116
Umsatzprovision 28
Umsatzsteuer 118, 120 ff.
Umsatzsteuergesetz (UStG) 120
Unternehmen
–, Organigramm 24
–, Organisation 23 ff.
–, Rechtsform 5 ff.
Unternehmensführung 1, 74
Unternehmensmanagement 74 ff.
Urproduktion 104

V
variable Kosten 41
Veränderungsposten des Eigenkapitals 33
Verbindlichkeiten 7 f., 12, 32, 35, 53 f., 89, 91, 94
Verbrauchsabweichung 45
Verbrauchsteuer 118, 123
Vergütungspflicht 21
Verkaufsförderung 27
Verkaufskommission 90
Verkaufsprogramm 105
Verkehrsteuer 118, 123
Vermögenswerte 31 ff., 41, 89, 93, 97
Versandabteilung 30
Verteilung von Gewinn und Verlust 9
Vertrieb 27 ff.
Vertriebslager 29 f.
Vertriebsplanung 27
Verwaltungswirtschaft 3
Volkswirtschaft 1
Vollhafter 7, 10
Vollkostenrechnung 44, 46
Vorstand 13
Vorsteuer 120

W
Wandelschuldverschreibung 96
Warenwechsel 93
Wechsel 93
–, gezogener 94
Wechseldiskont 94
Wechselkredit 95
Wechselspesen 94
Werbung 28
Werbungskosten 119
Wertschöpfung 120
Wirtschaftlichkeitsabweichung 45
Wirtschaftlichkeitsprinzip 2

Z
Zahllast 120
Zedent 92
Zeitakkord 66
Zeitrechnung 31
Zession 92
Zessionar 92
Zeugnispflicht 22, 70
Zielvereinbarung 81
Zuschlagskalkulation 45

Tomaten auf den Augen? Hier finden Sie Hilfe!

Mathematik für Ahnungslose
Von Yára Detert
228 Seiten.
ISBN 978-3-7776-1679-7

Statistik für Ahnungslose
Von Yára Detert und Christa Söhl
124 Seiten.
ISBN 978-3-7776-1676-6

Chemie für Ahnungslose
Von Katherina Standhartinger
118 Seiten.
ISBN 978-3-7776-1792-3

Organische Chemie für Ahnungslose
Von Katherina Standhartinger
196 Seiten.
ISBN 978-3-7776-1640-7

Physik für Ahnungslose
Von Werner Junker
384 Seiten.
ISBN 978-3-7776-1574-5

Biologie für Ahnungslose
Von Christa Söhl
292 Seiten.
ISBN 978-3-7776-1607-0

Biochemie für Ahnungslose
Von Antje Galuschka
276 Seiten.
ISBN 978-3-7776-1544-8

Genetik für Ahnungslose
Von Michaela Aubele
175 Seiten.
ISBN 978-3-7776-1514-1

HIRZEL Verlag · Postfach 10 10 61 · 70009 Stuttgart
Telefon 0711 25 82 341 · Telefax 0711 25 82 390
E-Mail: service@hirzel.de · Internet: www.hirzel.de